1+X 职业技能等级证书培训用书

Web 前端开发

实训案例教程

（初级）

王晓玲　马庆槐　主　编

電子工業出版社
Publishing House of Electronics Industry
北京 • BEIJING

内 容 简 介

本书是围绕《Web 前端开发职业技能等级标准》（初级）和职业院校 Web 前端开发专业方向的 HTML5、JavaScript 等主干课程编写的配套实践教程，书中的代码均已在开发环境和浏览器上运行通过。

本书综合职业院校相关专业课程知识体系、Web 前端开发岗位技能要求、《Web 前端开发职业技能等级标准》（初级）中相关职业技能的知识和能力，并将其提炼成实践能力目标，以实践能力为导向，以企业真实应用为目标，遵循企业标准开发过程和技术，以任务驱动，对 HTML5、CSS3、JavaScript、jQuery、PC 端/移动端等重要 Web 前端开发中的知识单元，结合实际案例和应用环境进行分析和设计，并对各重要知识单元进行了详细的训练，使读者能够真正掌握这些知识在实际场景中的应用。

本书的技术专题（实验）部分（第 2～16 章），主要进行知识单元训练，可以对应课程练习或实验进行实践训练，针对不同的知识单元分别设计了有针对性的专题项目，重点训练相关内容，也为案例开发进行了知识补强、技术储备；案例部分（第 17 章），可以对应课程设计或综合实践，本书选用“在线视频课程网”，采用业务和知识迭代开发思路，完整训练 Web 核心知识单元在企业真实项目中的应用。

本书适合作为院校 Web 前端开发专业方向主干课程的配套实践教学参考用书，也可作为对 Web 前端开发感兴趣的学习者的指导用书。

图书在版编目（CIP）数据

Web 前端开发实训案例教程：初级 / 王晓玲，马庆槐主编. 一北京：电子工业出版社，2023.3
1+X 职业技能等级证书培训用书
ISBN 978-7-121-44986-4

Ⅰ. ①W… Ⅱ. ①王… ②马… Ⅲ. ①网页制作工具－职业技能－鉴定－教材 Ⅳ. ①TP393.092.2

中国国家版本馆 CIP 数据核字（2023）第 017563 号

责任编辑：徐建军　　文字编辑：赵　娜
印　　刷：山东华立印务有限公司
装　　订：山东华立印务有限公司
出版发行：电子工业出版社
　　　　　北京市海淀区万寿路 173 信箱　邮编 100036
开　　本：787×1 092　1/16　印张：15.5　字数：396.8 千字
版　　次：2023 年 3 月第 1 版
印　　次：2023 年 3 月第 1 次印刷
印　　数：1 200 册　　定价：49.80 元

凡所购买电子工业出版社图书有缺损问题，请向购买书店调换。若书店售缺，请与本社发行部联系，联系及邮购电话：（010）88254888，88258888。

质量投诉请发邮件至 zlts@phei.com.cn，盗版侵权举报请发邮件至 dbqq@phei.com.cn。

本书咨询联系方式：（010）88254570，xujj@phei.com.cn。

前言
Preface

本书的目标为进行静态网站开发，通过对静态 Web 开发知识和技能的梳理，本书精心设计了技术专题和案例进行有针对性的训练，这些项目全部按照企业项目开发思路进行分析设计和实现，以便提高读者的静态 Web 项目开发实践能力；在编写过程中，引导读者理解 Web 前端开发中 HTML5、JavaScript 等知识单元与项目需求和技术的对接，并采用迭代开发思路进行每项功能的开发。

本书共 17 章，技术专题（实验）和案例（在线视频课程网）部分均设定了实践目标，以任务驱动，采用迭代思路进行开发。

第 1 章是概述，主要描述本书的实践目标、技术专题设计和案例设计思路。

第 2～16 章是技术专题（实验）部分，针对开发工具（HBulider）、HTML5、CSS3、PC/移动端静态网页、JavaScript、jQuery 等核心知识单元设计了技术专题，每个技术专题都针对一个实验项目进行训练，内容包括技能和知识点、需求简介、设计思路和实现，最大限度地覆盖了静态 Web 开发相关知识和能力。

第 17 章是案例部分，设计“在线视频课程网”，综合实践静态 Web 开发核心知识，阐释如何在真实企业项目中应用静态 Web 开发的核心知识，并通过“迭代开发”详细讲解实践项目开发过程。根据功能模块和技术选型，将整个项目分为四大阶段：第一阶段 HTML5、第二阶段 CSS3、第三阶段 JavaScript+jQuery 和第四阶段移动端，各阶段层层递进，完整训练静态 Web 开发核心知识。通过技术专题和案例综合训练，使读者可以达到初级 Web 前端工程师的水平。

本书由上海电子信息职业技术学院组织编写，由王晓玲、马庆槐担任主编，参加本书编写的还有周月红、王博宜、邹世长等，全书由胡国胜统稿。

为方便教师教学，本书配有电子教学课件，请有此需求的教师登录华信教育资源网（www.hxedu.com.cn），注册后免费下载。如有问题，可在网站留言板留言或与电子工业出版社联系（E-mail：hxedu@phei.com.cn）。

由于水平有限，尽管我们在编写时竭尽全力，但书中难免会有纰漏之处，敬请各位专家与读者批评指正。

编　者

目录
Contents

第1章 概述

1.1 实践目标

本书通过安排15个技术专题+1个项目案例，综合训练静态Web开发知识和能力，达到以下实践目标。

（1）掌握HBuilder工具的安装和使用。

（2）掌握HTML页面结构、表单、文本标签、超链接、图像、表格、列表等元素的使用方法。

（3）掌握HTML5语义化元素、新增全局属性、页面增强元素、表单标签和属性、多媒体元素等的使用方法。

（4）掌握CSS选择器、字体样式、文本样式、颜色、背景、区块、网页布局、单位等功能和应用。

（5）掌握CSS3新增选择器、边框新特性、新增颜色、字体、动画效果、多列布局及弹性布局的使用方法。

（6）掌握JavaScript基础语法、语句、函数、数组、事件、DOM操作、面向对象等。

（7）掌握jQuery选择器、DOM操作、事件、动画等。

（8）遵循企业Web标准设计和开发过程，培养良好的工程能力，能进行企业静态网站开发，提高静态网站开发实践能力。

1.2 技术专题设计

技术专题既是对课程知识点的应用，也为课程学习完毕后开发企业项目进行知识补强。在课程教学过程中，可以把技术专题作为练习、实验或参考资料使用。每个技术专题为1个小型项目，围绕技能和知识点设计，包括训练技能和知识点、需求简介、设计思路和实现步骤。

参照《Web 前端开发职业技能等级标准》（初级）的标准技能和知识点及高校开设的静态网页设计和开发课程，结合企业实际岗位情况，选取 HBuilder、HTML、CSS、HTML5、CSS3、JavaScript、jQuery 等内容，安排 15 个技术专题，分别训练相关知识，具体内容如表 1.1 所示。

表 1.1　技术专题与训练知识点

序　号	类　型	专题名称	内容说明	训练知识点
1	开发环境	第一个 HTML5 程序	1．下载安装 Chrome 浏览器 2．下载安装 HBuilder 3．使用 HBuilder 创建一个 Web 项目 4．使用 HBuilder 在项目中创建一个 HTML5 页面，页面能够在浏览器中正确显示	1．HBuilder 的下载、安装及基本操作 2．Web 项目结构 3．HTML5 简介 4．HTML5 页面声明<!DOCTYPE html>
2	HTML5 表单	注册页面（表单）	1．使用 HTML5 的表单元素，制作一个用户注册页面 2．利用 HTML5 表单属性实现非空验证	1．文本标签 （1）标题标签 （2）段落标签 （3）水平线标签 2．表单 （1）HTML5 表单属性 （2）HTML5 表单输入类型 （3）HTML5 新的表单控件
3	HTML5 页面增强	资讯网站（页面增强元素）	使用 HTML5 的标准元素，制作一个资讯详情页面，使用 HTML5 页面增强元素实现图文信息展示	1．图文排版 （1）标题标签 （2）段落标签 （3）图片标签 2．HTML5 页面增强元素 <figure>、<figcaption>、<mark>
4	HTML5 全局属性	通讯录（全局属性）	使用 HTML5 的标准元素，制作一个通讯录表格页面，使用 HTML5 全局属性实现通讯录内容编辑和隐藏	1．表格标签 2．HTML5 新增全局属性 contenteditable 属性、hidden 属性、data*属性
5	HTML5 多媒体	HTML5 播放音频（Audio 元素）	使用 HTML5 的 Audio 元素，播放音频文件	1．audio 元素 2．音频格式和浏览器的支持 3．audio 标签和属性 4．audio 标签的使用
6		HTML5 播放视频（Video 元素）	使用 HTML5 的 Video 元素，播放本地视频	1．video 元素 2．视频格式和浏览器的支持 3．video 标签和属性 4．video 标签的使用
7	HTML5 语义化元素	音乐内容页（语义化元素）	使用 HTML5 的标准元素，制作一个音乐内容页	1．文本标签 2．图片标签 3．超链接标签 4．HTML5 语义化元素 header、section、article、nav、aside、footer

续表

序号	类型	专题名称	内容说明	训练知识点
8	CSS3 （CSS+CSS3）	微博网站首页 （CSS3 选择器）	模拟微博的首页，页面中主要包括导航栏和微博话题列表	1．选择器 兄弟选择器、伪类选择器、属性选择器 2．颜色 3．文本属性 4．布局 （1）display （2）float （3）position
9		技术论坛系统首页 （CSS3 布局）	使用 CSS3 制作技术论坛的首页，页面中主要包括以下几部分内容 （1）页头导航栏：包括“推荐”“热门”等菜单 （2）正文：分为左右两部分，左边为帖子列表，右边为最新帖子列表和帖子阅读排行列表	1．弹性布局 弹性容器、弹性容器的属性、弹性项目的属性 2．多列布局 3．边框特性 4．CSS3 动画
10	移动端	电商列表页 （移动端布局）	制作电商网站的商品列表页面，页面分为两个部分 （1）页头：标题和导航 （2）商品列表：每个列表项中包括商品名称、商品价格、交易数量和 1 张商品缩略图	1．HTML5 （1）视口 （2）语义和结构元素 （3）页面增强元素 2．CSS3 （1）边框特性 （2）弹性布局
11		视频网站 （移动端布局）	制作视频播放页面，页面主要包括以下几部分 （1）视频播放区域 （2）评论区域，可以查看评论列表和发表评论	1．HTML5 （1）视口 （2）语义和结构元素 （3）表单元素 （4）多媒体元素 2．CSS3 弹性布局
12	JavaScript	日期计算器 （基础语法）	1．通过使用 JavaScript 实现一个日期计算器 2．单击页面“计算”按钮，显示某日期距那年 1 月 1 日经过了多少天	1．JavaScript 基础语法 2．JavaScript 函数、数组 3．JavaScript 事件监听
13		学生信息管理 （面向对象）	1．定义一个学生信息构造方法，通过原型链的方式给该构造方法定义一个初始化学生信息的方法，需要传入学生的姓名、年龄及班级 2．实例化该构造函数并传入初始化数据。修改其中的学生班级属性并将实例化的对象在控制台打印输出	1．OOP 2．创建对象 字面量方式创建 3．属性的操作 （1）属性的读取 （2）属性的修改
14		学生信息列表 （DOM 操作）	将数组中的学生信息以列表的形式显示到页面	1．JavaScript 基础语法 2．JavaScript 函数 3．JavaScript DOM 操作 4．JavaScript 事件监听

续表

序　号	类　型	专题名称	内容说明	训练知识点
15	jQuery	目录页面生成 （jQuery 综合）	将数组中书籍目录信息显示到页面，单击页面目录进行页面切换	1．jQuery 基础语法 2．jQuery 选择器 3．jQuery DOM 操作 4．jQuery 事件

1.3　案例设计

案例“在线视频课程网”为 Web 静态网页程序，采用 HBuilder 工具开发，技术选型为“HTML5 + CSS3 + JavaScript + jQuery +移动端”。案例按企业标准进行建设，结合瀑布模型、RUP 模型、增量开发思想，内容包括项目目标、需求分析、系统设计、每个功能迭代开发，在迭代开发过程中，按功能、技能和知识进行组织。整个案例分为四大阶段，分别为 HTML5、CSS3、JavaScript+jQuery、移动端。

案例迭代开发如表 1.2 所示。

表 1.2　案例迭代开发

编　号	阶　段	节 （迭代工程）	内　容	训练知识点
1	分析设计	需求和设计	介绍项目背景，描述项目页面需求	—
2		界面设计	根据需求设计项目页面，包括页面白板图和效果图	界面设计、白板图
3	HTML5	首页	1．首页分为三个部分，分别为页头、正文和页脚 2．页头：实现导航栏功能（如 LOGO、信息导航栏和“登录”按钮） 3．正文 （1）展示最新的课程列表 （2）课程列表里的每个课程需展示课程封面图、名称、点击量 （3）单击课程后，跳转至课程详情页面 4．页脚：展示网站相关信息	1．HTML （1） 占位符 （2）<hr/>水平线标签 （3）<table>标签 （4）<h2>文本标签 （5）<h3>文本标签 （6）<img>图片标签 2．HTML5 （1）<video>多媒体标签 （2）title 全局属性 3．HTML5 语义化元素 （1）<header> （2）<article> （3）<footer> （4）<section>
4		用户注册	1．用户在登录页单击注册链接，跳转至用户注册页面，输入注册相关信息 （1）注册成功跳转至登录页去登录 （2）注册失败后注册框显示失败信息 2．新增页脚：展示网站相关信息（如服务条款、隐私策略、广告服务、客服中心、Copyright@×××.返回顶部）	1．HTML （1） 占位符 （2）<hr/>水平线标签 2．HTML5 （1）required 属性 （2）placeholder 属性 3．HTML5 全局属性

续表

编 号	阶 段	节 （迭代工程）	内 容	训练知识点
4		用户注册		title 属性 4．HTML5 语义化元素 （1）<article> （2）<footer> 5．HTML5 表单标签 （1）<form> （2）<input> （3）<label>
5	HTML5	用户登录	1．用户访问首页，单击“登录”按钮，跳转至用户登录页面 2．输入登录相关信息 （1）登录成功跳转至首页，首页“登录”按钮更新为登录的用户信息 （2）登录失败后登录框显示失败信息 （3）登录框需实现注册跳转功能（如在登录页的“登录”按钮的上方添加一个注册链接） 3．新增页脚：展示网站相关信息	1．HTML （1） 占位符 （2）<hr/>水平线标签 2．HTML5 （1）required 属性 （2）placeholder 属性 3．HTML5 全局属性 title 属性 4．HTML5 语义化元素 （1）<article> （2）<footer> 5．HTML5 表单标签 （1）<form> （2）<input> （3）<label>
6		课程详情	1．课程详情分为三部分，分别为页头、正文和页脚 2．其中正文分为两个部分，分别为课程介绍和章节目录 （1）课程介绍：需展示课程的封面图、名称、分类、授课老师、课时及“开始学习”按钮，其中名称，分类、授课老师、课时，“开始学习”按钮分三行展示 （2）章节目录分为三部分，分别为课程详情、课程目录和大家评价	1．HTML （1） 占位符 （2）<hr/>水平线标签 （3）<h3>文本标签 （4）<h2>文本标签 （5） 换行标签 2．HTML5 全局属性 title 属性 3．HTML5 语义化元素 （1）<header> （2）<article> （3）<footer> （4）<section> （5）<nav>
7		视频播放	视频播放页面分为视频播放和章节列表两个部分 （1）视频播放：播放当前节的视频 （2）章节列表：展示当前课程的所有章节信息，单击节后切换对应的视频进行播放	1．HTML （1） 占位符 （2）<hr/>水平线标签 （3）<h3>文本标签 （4）<h2>文本标签 （5） 换行标签 2．HTML5 全局属性

续表

<table>
<tr><th>编　号</th><th>阶　段</th><th>节
（迭代工程）</th><th>内　容</th><th>训练知识点</th></tr>
<tr><td>7</td><td rowspan="2">HTML5</td><td>视频播放</td><td></td><td>title 属性
3．HTML5 语义化元素
（1）<header>
（2）<article>
（3）<footer></td></tr>
<tr><td>8</td><td>后台课程管理</td><td>后台课程管理分为两个部分
1．左侧导航栏分为大分类“课程管理”，大分类“课程管理”又分为列表展示、新增、编辑和删除四部分功能
2．列表：列表中展示每门课程 对应的课程封面图、名称、发布者及发布时间</td><td>1．HTML
（1）iframe
（2）标签：<table>标签、<form>标签
（3）全局属性：title 属性
（4）属性：type 属性、search 类型
2．HTML5
语义化元素：<header>、<article>、<footer></td></tr>
<tr><td>9</td><td rowspan="3">CSS3</td><td>首页</td><td>首页分为三个部分，分别为页头、正文和页脚
1. 页头：实现导航栏功能[如 LOGO、信息导航栏（如首页、发现、我的课程）和“登录”按钮]
2．正文
（1）展示最新的课程列表
（2）课程列表里的每个课程需展示课程封面图、名称、点击量
（3）单击课程后，跳转至课程详情页面
3．页脚：展示网站相关信息</td><td>1．HTML5
（1）HTML5 全局属性
（2）HTML5 语义化元素
（3）HTML5 页面增强元素
2．CSS3
（1）伪类选择器
（2）颜色
（3）自定义字体
（4）动画
（5）多列布局</td></tr>
<tr><td>10</td><td>用户注册</td><td>用户在登录页单击“注册”按钮，跳转至用户注册页面
（1）注册成功跳转至登录页去登录
（2）注册失败后注册框显示失败信息</td><td>1．HTML
（1）<h2>标签
（2）<label>标签
（3）全局属性：title 属性
2．HTML5
（1）HTML5 语义化元素：<article>、<footer>
（2）HTML5 表单标签
（3）placeholder 属性
（4）required 属性
3．CSS3
（1）属性选择器
（2）颜色</td></tr>
<tr><td>11</td><td>用户登录</td><td>1．用户访问首页，单击“登录”按钮，跳转至用户登录页面，输入登录相关信息
（1）登录成功跳转至首页，首页“登录”按钮更新为登录的用户信息
（2）登录失败后登录框显示失败信息
（3）登录框需实现注册跳转功能（如在登录页的“登录”按钮的上方添加一个</td><td>1．HTML
（1）<h2>标签
（2）<label>标签
2．HTML5
（1）HTML5 全局属性
..title 属性
（2）HTML5 语义化元素</td></tr>
</table>

续表

编　号	阶　段	节 （迭代工程）	内　容	训练知识点
11	CSS3		注册链接） 2．新增页脚：展示网站相关信息	..<article> ..<footer> （3）HTML5 表单标签 （4）placeholder 属性 （5）required 属性 3．CSS3 （1）属性选择器 （2）颜色
12		课程详情	1．课程详情分为三部分，分别为页头、正文和页脚 2．正文分为两个部分，分别为课程介绍和章节目录 课程介绍：需展示课程的封面图、名称、分类、授课老师、课时及“开始学习”按钮，其中名称，分类、授课老师、课时，“开始学习”按钮分三行展示 3．页脚：展示网站相关信息	1．HTML （1）<h2>标签 （2）<label>标签 2．HTML5 （1）HTML5 全局属性 title 属性 （2）HTML5 语义化元素 <header>、<article>、<footer>、<nav> 3．CSS3 （1）颜色 （2）弹性布局 （3）圆角边框
13		章节目录	章节目录：具有课程详情、课程目录、我要评论三块内容	1．HTML （1）<dl>标签 （2）<o>标签 2．HTML5 HTML5 语义化元素 <article> 3．CSS3 （1）颜色 （2）行高 （3）盒模型 （4）display
14		视频播放	1．视频播放页面分为三部分，分别为页头、正文和页脚 （1）页头：实现导航栏功能（如 LOGO、信息导航栏和“登录”按钮） （2）正文：分为视频播放和章节列表两个部分 ● 视频播放：播放当前节的视频。 ● 章节列表：展示当前课程的所有章节信息，单击节后切换对应的视频进行播放 2．页脚：展示网站相关信息	1．HTML5 （1）HTML5 全局属性 （2）HTML5 语义化元素 （3）HTML5 多媒体元素 2．CSS3 （1）伪类选择器 （2）单位

续表

编　　号	阶　　段	节 （迭代工程）	内　　容	训练知识点
15	CSS3	后台课程管理首页	后台课程管理首页分为两个部分 1．左侧导航栏分为大分类“课程管理”，大分类“课程管理”又分为列表展示、新增、编辑和删除四部分功能 2．列表：列表中展示每门课程对应的课程封面图、名称、发布者及发布时间	1．HTML5 （1）标签 （2）<table>标签 （3）<form>标签 （4）全局属性 title 属性、type 属性、search 类型 （5）语义化元素 header、article、footer 2．CSS3：弹性布局
16		章节目录页面交互效果	将章节目录信息存储到 js 数组中，遍历数组运用 DOM 操作动态生成课程章节目录	1．JavaScript 基础语法 2．JavaScript 数组 3．JavaScript 事件 4．JavaScript DOM 操作
17	JavaScript + jQuery	视频播放页面交互效果	单击章节列表中某一项，动态选择在播放器中播放对应视频	1．JavaScript 基础语法 2．JavaScript 函数 3．JavaScript 事件 4．JavaScript DOM 操作
18		后台课程管理首页交互效果	将课程信息存储到 js 数组中，遍历数组运用 DOM 操作动态生成课程列表	1．jQuery 基础语法 2．jQuery 选择器 3．jQuery DOM 操作 4．jQuery 事件
19	移动端	首页	首页分为页头、主体、底部三个部分。页头包括 LOGO 和搜索栏及“用户登录”按钮 主体展示不同科目的最新课程列表，每个课程展示课程封面图、名称、点击量，单击课程后，跳转到课程详情页面 底部包含 3 个按钮，单击后分别跳转至对应页面	1．HTML （1）HTML 页面结构<html><head><body> （2）超链接标签<a></a> （3）图片标签：img （4）文本元素：<h3> 2．HTML5 （1）html5 语义元素：<header>、<section>、<article>、<footer> （2）html 页面增强元素：<figure>、<small> 3．CSS （1）选择器 类选择器、标签选择器、ID 选择器、子选择器 （2）CSS 常用样式 文本、颜色、链接 （3）CSS 尺寸 （4）盒子模型 内外边距、边框 4．CSS3 弹性布局：flex 5．jQuery load()方法

续表

编　号	阶　段	节 （迭代工程）	内　容	训练知识点
20	移动端	用户登录	用户访问首页，单击“登录”按钮，跳转至用户登录页面，输入登录相关信息，登录成功跳转至首页，用户信息栏更新信息，登录失败后登录框显示失败信息。登录框需实现注册跳转功能	1．HTML （1）HTML 页面结构<html><head><body> （2）超链接标签<a></a> （3）文本元素：<h2> （4）form 表单元素 2．HTML5 （1）html5 全局属性 （2）html 语义化元素<header>、<article>、<footer> （3）html5 表单验证：required 3．CSS （1）选择器 类选择器、标签选择器、id 选择器、子选择器 （2）CSS 常用样式 文本字体、颜色、链接 （3）CSS 尺寸 （4）盒子模型 内外边距、边框 4．CSS3 （1）圆角边框 （2）多列布局

第2章

开发环境：第一个 HTML5 程序

2.1 技能和知识点

知识导图如图 2.1 所示。

图 2.1　知识导图

2.2 需求简介

（1）下载安装 Chrome 浏览器。

（2）下载安装 HBuilder。

（3）使用 HBuilder 创建一个 Web 项目。

（4）使用 HBuilder 在项目中创建一个 HTML5 页面，页面能够在浏览器中正确显示。

2.3 设计思路

（1）在 Google Chrome 官网下载并安装 Google Chrome 浏览器。

Google Chrome 是一款由 Google 公司开发的网页浏览器，该浏览器稳定性、速度和安全性都比较好。

（2）在 HBuilder 官网下载并安装 HBuilder 编程工具。

HBuilder 是 DCloud 推出的一款支持 HTML、HTML5、CSS 和 JS 的 Web 开发 IDE。

（3）创建 Web 项目并运行。

① 用 Hbuilder 创建一个 Web 项目。

② 在 Web 项目中创建 HTML 页面并进行编辑。

③ 使用 HBuilder 内置服务器运行 HTML 静态网页，并使用 Chrome 浏览器进行访问。

2.4 实现

2.4.1 下载安装 Chrome

1. 下载 Chrome

（1）访问 Chrome 官网。

（2）在 Chrome 官网页面中单击“下载 Chrome”按钮，如图 2.2 所示，下载 Chrome 安装包。

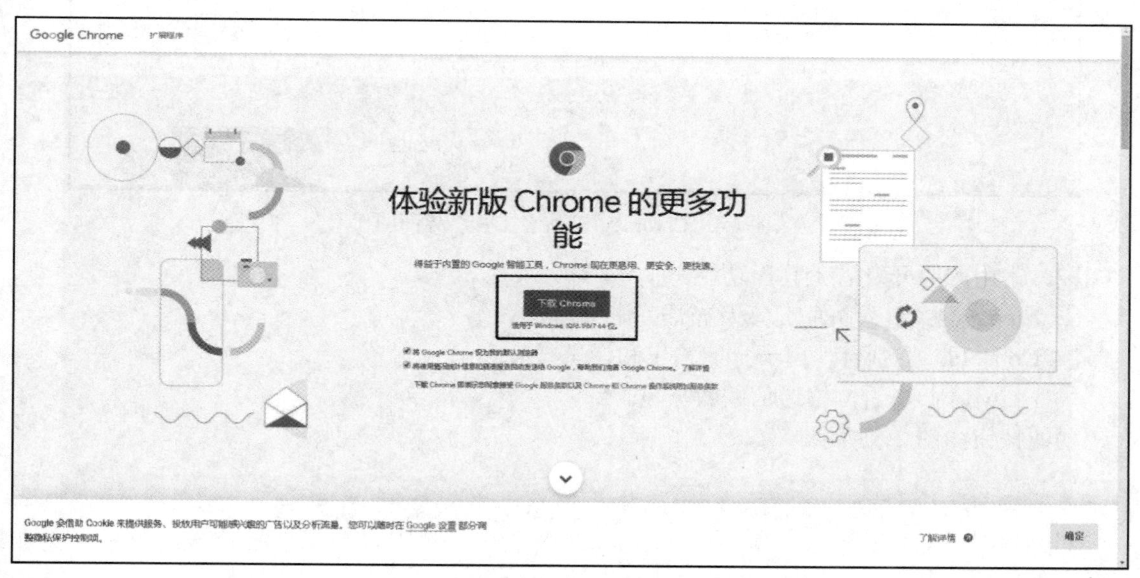

图 2.2 Chrome 官网图

2. 安装 Chrome

双击安装包即可自动完成安装，安装完成后，启动 Chrome 浏览器，启动完成后浏览器界面如图 2.3 所示。

3. Chrome 的开发者工具

（1）打开“开发者工具”。

打开 Chrome 浏览器，按 F12 键打开“开发者工具”。也可以在页面空白处单击右键，在弹出的快捷菜单中选择“检查”选项，打开“开发者工具”，其界面图如图 2.4 所示。

图 2.3　Chrome 界面图

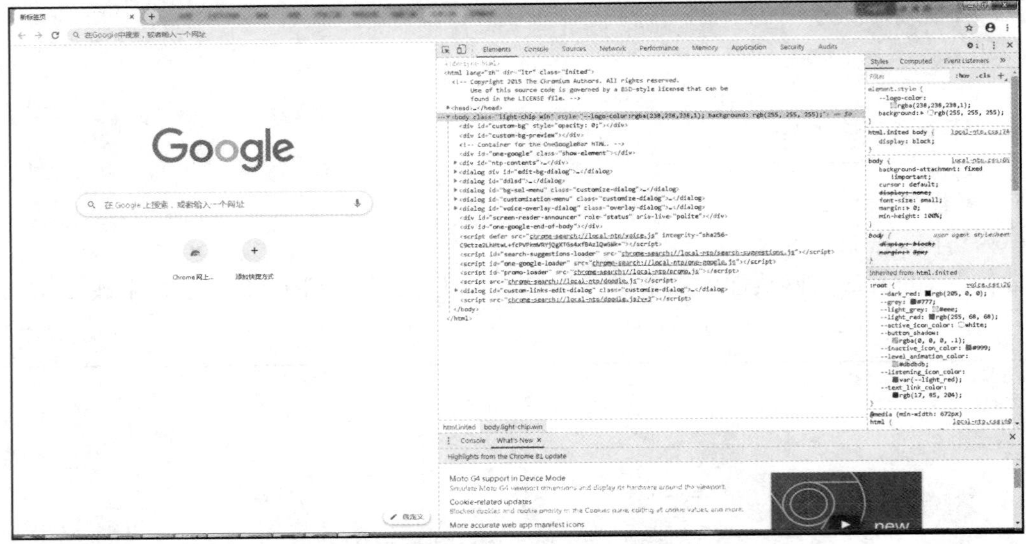

图 2.4　Chrome“开发者工具”界面图

（2）常用的“开发者工具”功能。

① Elements：查看页面元素及布局。

② Console：控制台，用于打印输出和调试。

③ Network：查看网络通信的数据包。

功能按钮如图 2.5 所示。

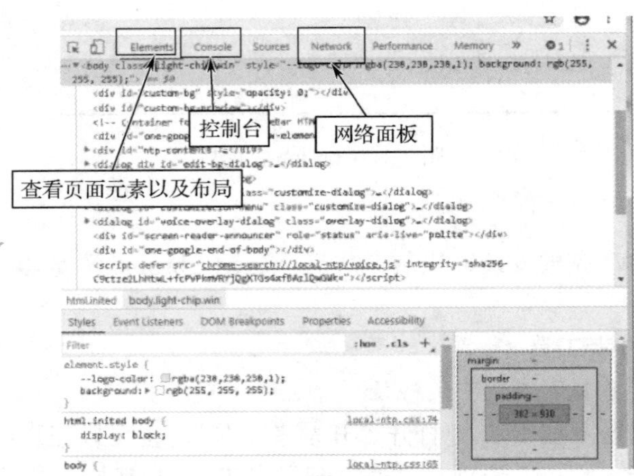

图 2.5　Chrome 开发者工具界面功能按钮

（3）模拟移动设备。

单击 按钮，可切换到移动设备模拟状态，如图 2.6 所示。

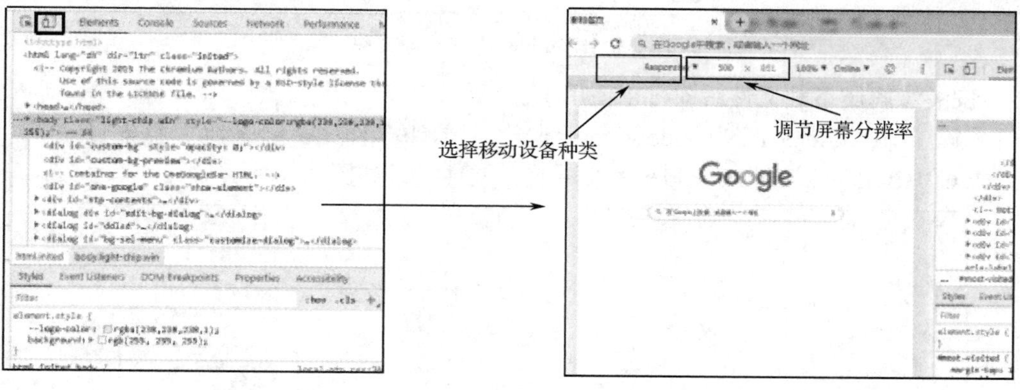

图 2.6 Chrome 切换到移动设备模拟状态

2.4.2 下载安装 HBuilder

1. 下载 HBuilder

（1）进入 HBuilder 官方网站首页，单击“DOWNLOAD”按钮下载 HBuilder，如图 2.7 所示。

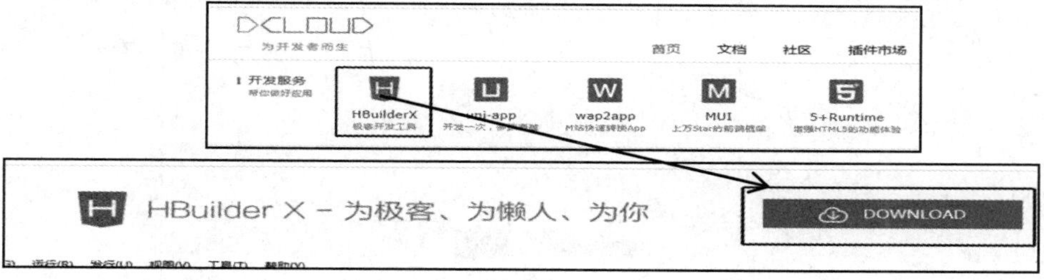

图 2.7 单击“DOWNLOAD”按钮

（2）在弹出的窗口中选择“上一代 HBuilder 下载”，选择 Windows 安装包，如图 2.8 所示。

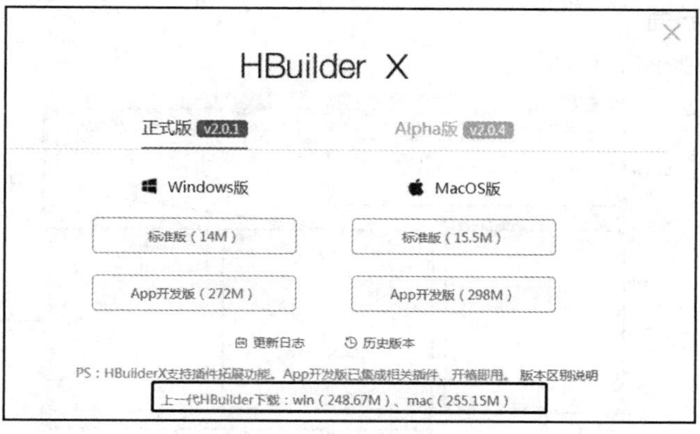

图 2.8 HBuilder 下载图

下载后得到压缩文件（HBuilder.9.1.29.windows.zip），如图 2.9 所示。

HBuilder.9.1.29.windows.zip

图 2.9　HBuilder 下载压缩文件

2. 安装（解压下载文件后即可以使用）

（1）解压 HBuilder.9.1.29.windows.zip 到一个目录下（例如，解压到 C 盘根目录下，解压后将生成 C:\HBuilder），即 HBuilder 的文件夹，文件目录如图 2.10 所示。

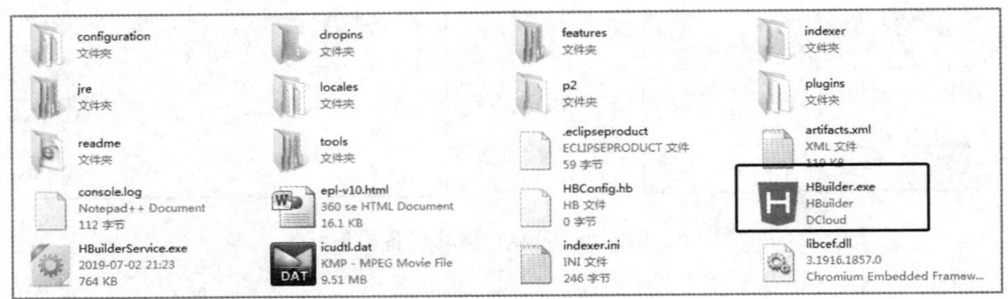

图 2.10　HBuilder 文件目录

（2）运行 HBuilder.exe 文件。

第一次使用，会弹出注册界面，如图 2.11 所示，可以选择“注册用户”或“暂不登录”。

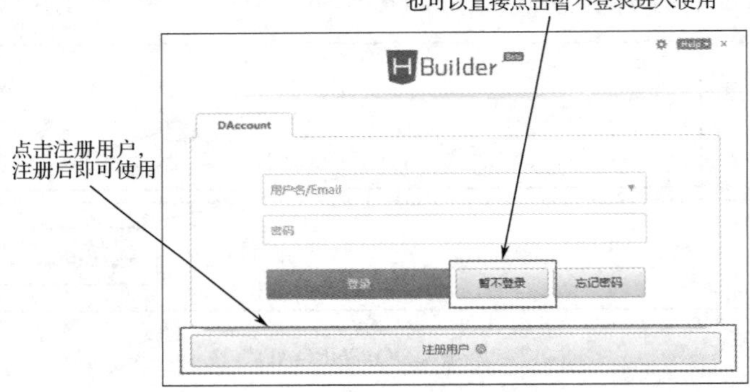

图 2.11　HBuilder 登录图

3. HBuilder 主界面

HBuilder 主界面如图 2.12 所示。

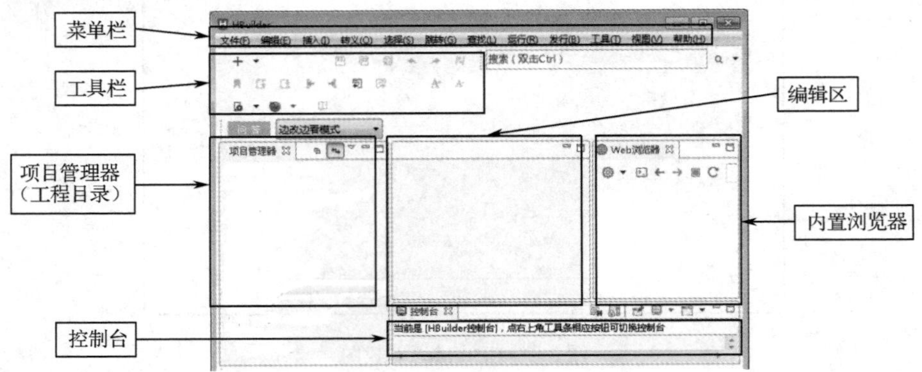

图 2.12　HBuilder 主界面

4. 设置语法验证器

（1）在 HBuilder 主界面上，选择“工具”菜单，选择“选项”命令，如图 2.13 所示。

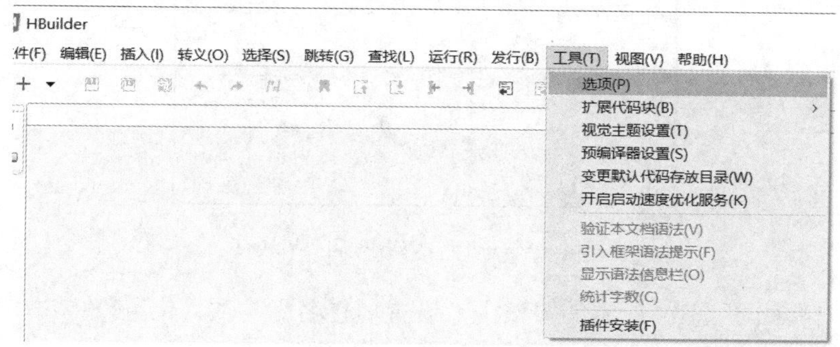

图 2.13　选择“选项”命令

（2）在弹出的“选项”窗口（如图 2.14 所示）左侧选择“HBuider”下的“语法验证器设置”选项，将右侧表格中的 HTML、JSON、JavaScript、CSS 语法验证器打开。

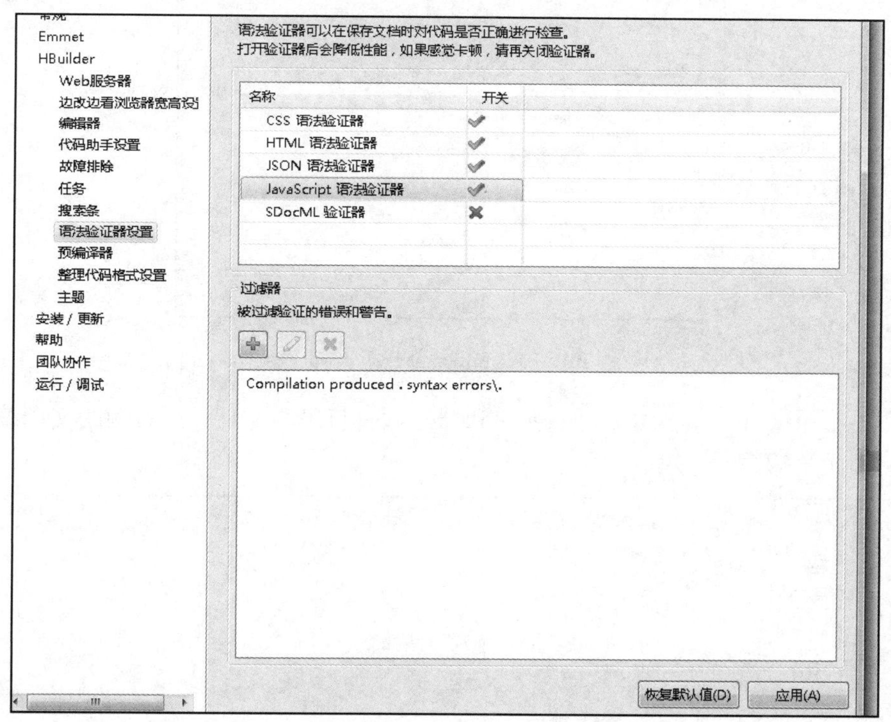

图 2.14　HBuilder 打开语法验证器

2.4.3　创建 Web 项目并运行

1. 新建项目

（1）在 HBuilder 主界面上，选择“文件”菜单，在弹出菜单中选择“新建”命令，选择“Web 项目”命令，如图 2.15 所示。

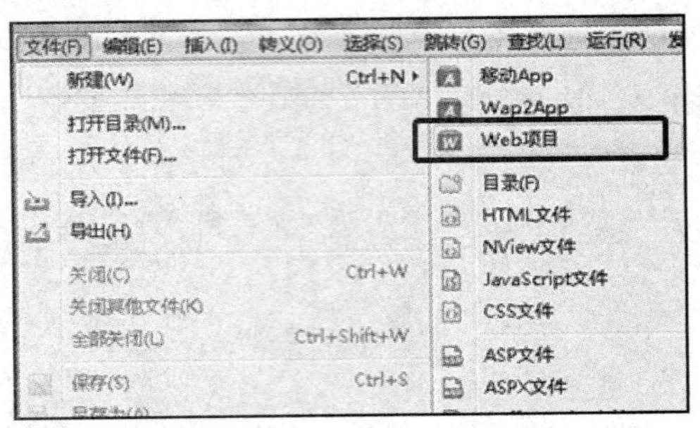

图 2.15　选择“Web 项目”命令

（2）在弹出的如图 2.16 所示的窗口中，设置项目名称与项目位置，单击“完成”按钮即可新建一个空的 Web 项目。

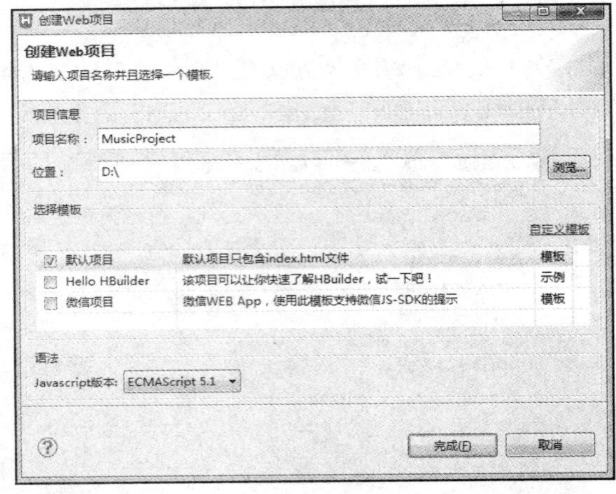

图 2.16　HBuilder 创建 Web 项目

（3）在左侧的项目管理器中查看、新建和修改项目目录与文件，在右侧的文档编辑区域可编辑文件，如图 2.17 所示。

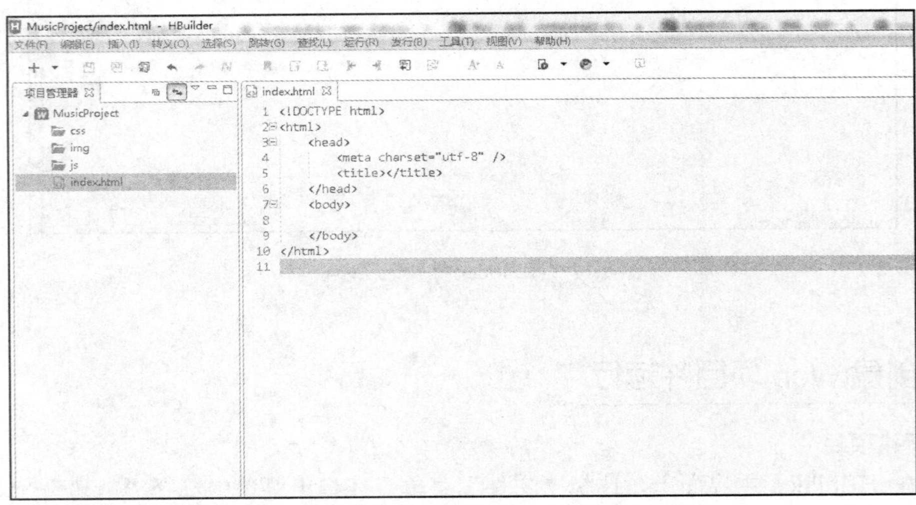

图 2.17　管理和编辑 Web 项目

2. 新建 HTML5 页面文件

（1）在 HBuilder 主界面上，右键单击需要新建文件的项目或文件夹，在弹出菜单中选择“新建”命令，在弹出的二级菜单中选择“HTML 文件”命令，如图 2.18 所示。

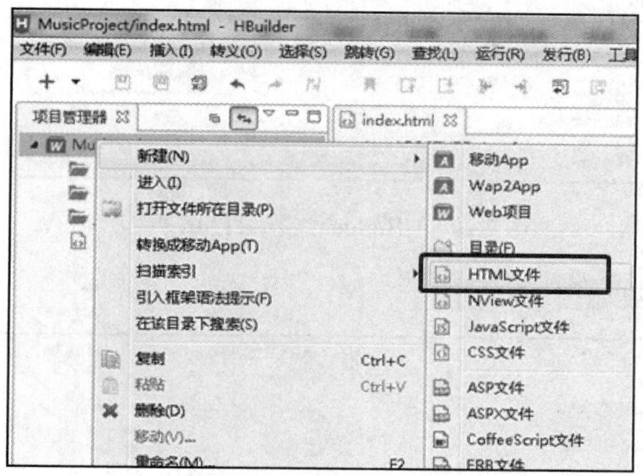

图 2.18　HBuilder 创建 HTML 文件 1

（2）在弹出的窗口上填写文件名，选择需要的模板，单击“完成”按钮即可新建 HTML 文件，如图 2.19 所示。

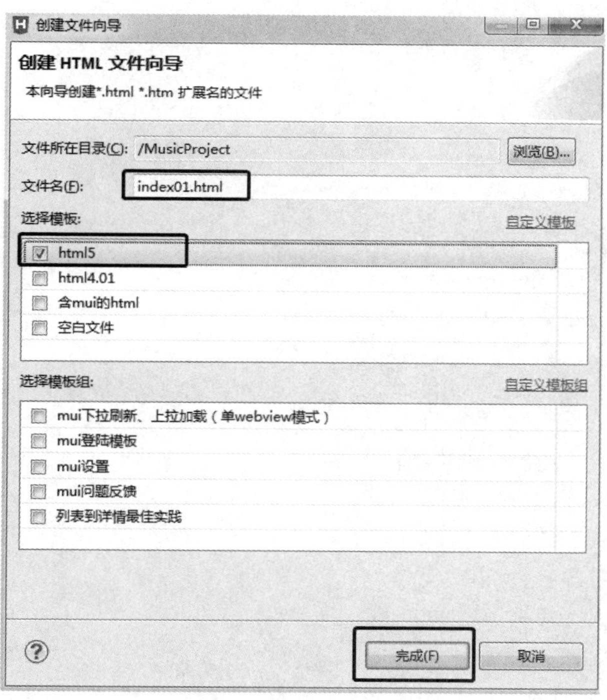

图 2.19　HBuilder 创建 HTML 文件 2

3. 使用浏览器打开 HTML 文件

（1）在 HBuilder 主界面上，单击导航栏中的浏览器图标，即可打开对应的浏览器来访问指定的 HTML 页面，如图 2.20 所示。

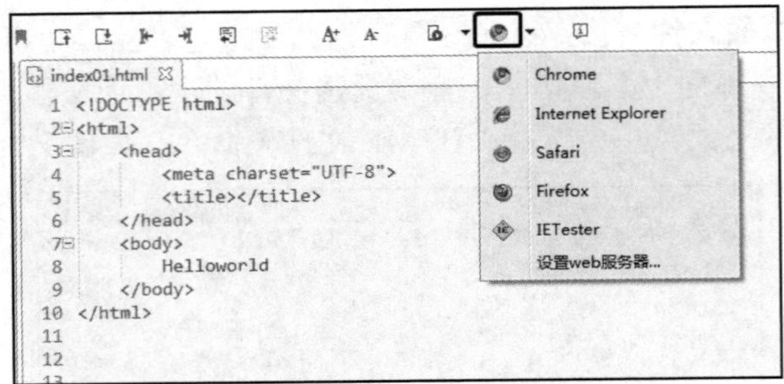

图 2.20　HBuilder 运行 HTML 页面

（2）浏览器运行效果如图 2.21 所示。

图 2.21　浏览器运行效果

第3章

HTML5 表单——注册页面

3.1 技能和知识点

知识导图如图 3.1 所示。

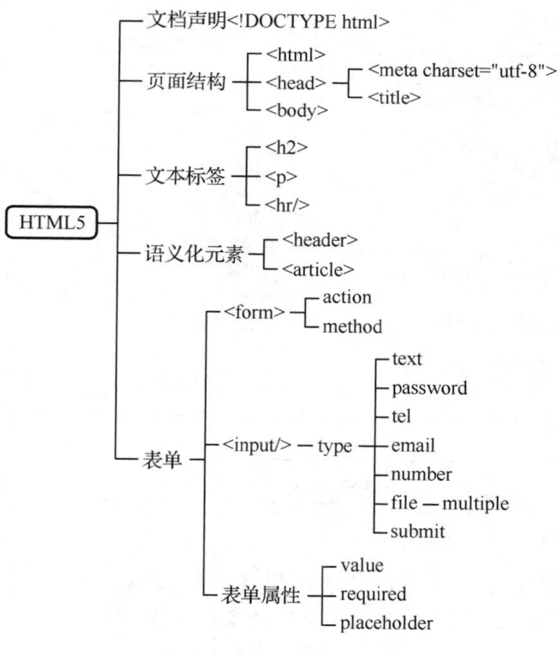

图 3.1　知识导图

3.2 需求简介

制作一个用户注册页面，页面分为页头和正文两部分。页头显示“用户注册”标题，正文部分为一个 form 表单，效果图如图 3.2 所示。

（1）表单中的用户账号、用户密码、手机号码需要非空验证。

（2）表单中的输入框需提示输入信息。

（3）表单中的手机号码、用户邮箱、用户年龄需使用 HTML5 新增的表单控件。

（4）表单中的上传头像可以一次上传多个文件。

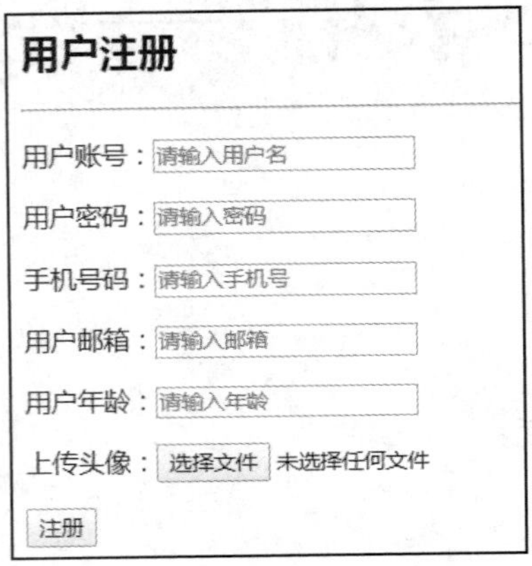

图 3.2　页面效果

3.3 设计思路

1. 项目设计

（1）项目名称：register。

（2）项目文件结构如表 3.1 所示。

表 3.1　项目文件结构

类　型	文　件	说　明
html 文件	register.html	用户注册 html 页面

2. 搭建用户注册页面的主体结构

使用语义化标签搭建用户注册页面 register.html 的主体结构，包括页头和正文两个部分，页头使用<header>标签，正文使用<article>标签，如图 3.3 所示。

3. 编写页头

页头<header>编写一个标题<h2>和水平线<hr>，如图 3.4 所示。

4. 编写正文

正文<article>部分编写表单内容，如图 3.5 所示。

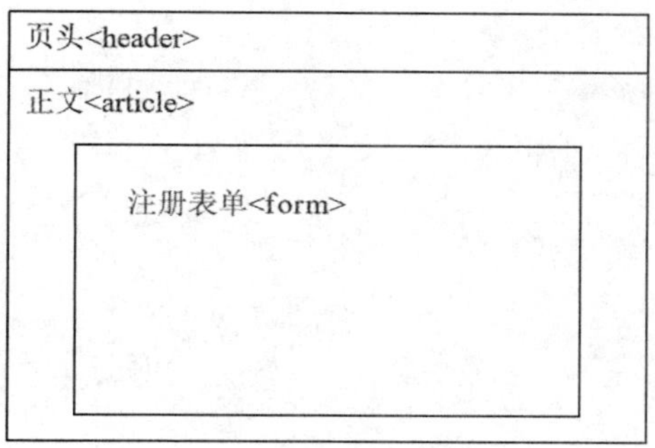

图 3.3　register.html 主体结构

图 3.4　register.html 页头结构

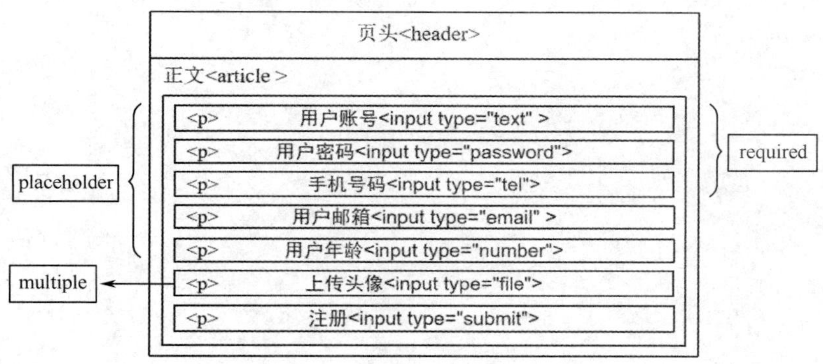

图 3.5　表单结构设计

（1）用户账号、用户密码、手机号码设置 required 属性。
（2）输入框元素全部使用 placeholder 属性提示输入信息。
（3）手机号码类型使用 tel。
（4）用户邮箱类型使用 email。
（5）用户年龄类型使用 number。
（6）上传头像设置 multiple 属性。

3.4　实现

3.4.1　创建注册页面

创建一个注册页面，命名为 register.html，基本结构如下。

```
<!DOCTYPE html>
<html>
<head>
    <meta charset="UT-8">
    <title></title>
</head>
<body>
</body>
</html>
```

3.4.2 搭建页头和正文结构

使用 HTML5 语义化标签搭建页面结构。使用<header>搭建页头，<article>标签搭建正文结构。

```
<!DOCTYPE html>
<html>
  <head>
    <meta charset="utf-8" />
    <title></title>
  </head>
  <body>
    <!--页头-->
    <header>
    </header>
<!--正文-->
    <article>
    </article>
  </body>
</html>
```

3.4.3 编写页头

（1）在页头区域使用标题标签<h2>编写一个标题“用户注册”，使用<hr/>标签创建一个下划线。

```
<!--页头-->
<header>
    <h2>用户注册</h2>
    <hr />
</header>
```

（2）页头效果如图 3.6 所示。

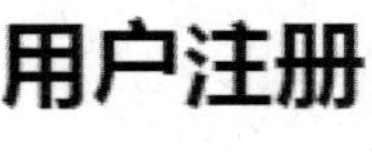

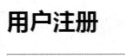

图 3.6　用户注册页头效果

3.4.4　编写正文

（1）在正文区域<article>标签内，编写一个 form 表单。在 form 表单内设置一个提交按钮，将提交按钮的 value 更改为“注册”。

```
<!--正文-->
<article>
    <form action="" method="post">
        <input type="submit" value="注册"/>
    </form>
</article>
```

（2）添加表单元素。

① 用户账号的输入框 type 值为 text，变更为文本输入框。

② 用户密码的输入框 type 值为 password，变更为密码输入框。

③ 手机号码的输入框 type 值为 tel，变更为电话号码输入框。

④ 用户邮箱的输入框 type 值为 email，变更为电子邮箱输入框。

⑤ 用户年龄的输入框 type 值为 number，变更为数字输入框。

⑥ 上传头像控件的 type 值为 file，变更为文件上传域。

```
<form action="" method="post">
  <p>用户账号：<input type="text" /></p>
  <p>用户密码：<input type="password" /></p>
  <p>手机号码：<input type="tel" /></p>
  <p>用户邮箱：<input type="email" /></p>
  <p>用户年龄：<input type="number"/></p>
  <p>上传头像：<input type="file" /></p>
  <p><input type="submit" value="注册"></p>
</form>
```

（3）页面效果如图 3.7 所示。

用户注册

用户账号：

用户密码：

手机号码：

用户邮箱：

用户年龄：

上传头像：选择文件 未选择任何文件

注册

图 3.7　用户注册页面效果

（4）设置表单元素属性。

① 用户账号：设置 placeholder 提示信息为“请输入账号”，设置 require 非空验证。

② 用户密码：设置 placeholder 提示信息为“请输入密码”，设置 require 非空验证。

③ 手机号码：设置 placeholder 提示信息为“请输入手机号”，设置 require 非空验证。

④ 用户邮箱：设置 placeholder 提示信息为“请输入邮箱”。

⑤ 用户年龄：设置 placeholder 提示信息为“请输入年龄”。

⑥ 上传头像：设置属性 multiple，可同时上传多个文件。

```
<form action="" method="post">
  <p>用户账号：<input type="text" placeholder="请输入账号" required="required"/></p>
  <p>用户密码：<input type="password" placeholder="请输入密码" required="required"/></p>
  <p>手机号码：<input type="tel" placeholder="请输入手机号" required="required"/></p>
  <p>用户邮箱：<input type="email" placeholder="请输入邮箱"/></p>
  <p>用户年龄：<input type="number" placeholder="请输入年龄" /></p>
  <p>上传头像：<input type="file" multiple="multiple" /></p>
  <p><input type="submit" value="注册"></p>
</form>
```

（5）运行效果如图 3.8 所示。

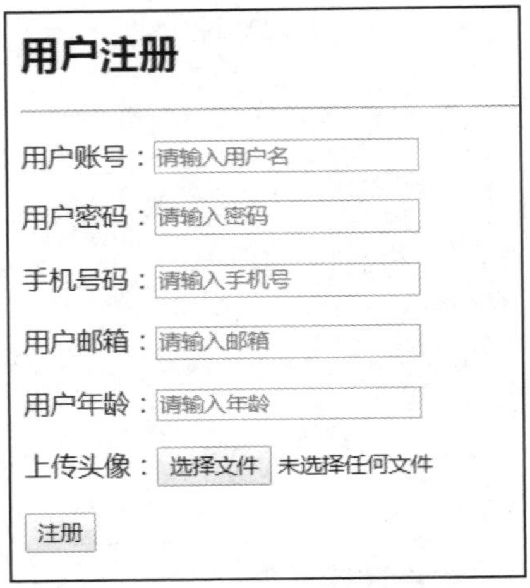

图 3.8　用户注册页面运行效果

第4章 HTML5 页面增强：资讯网站

4.1 技能和知识点

知识导图如图 4.1 所示。

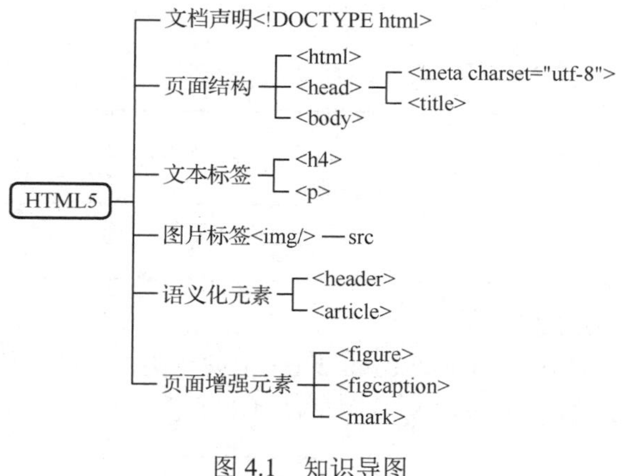

图 4.1　知识导图

4.2 需求简介

制作一个资讯详情页，使用 HTML5 页面增强元素实现图文信息展示，页面内容包括以下三个部分：

（1）页面标题；

（2）图片及图片说明文字；

（3）资讯文字信息。

页面效果如图 4.2 所示。

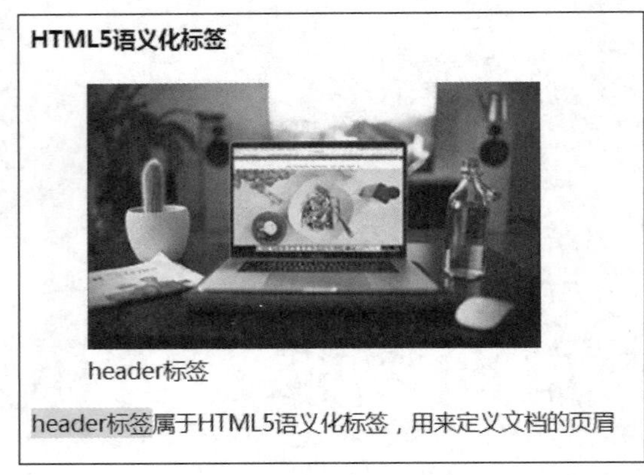

图 4.2　页面效果

4.3　设计思路

1. 项目设计

（1）项目名称：news。

（2）项目文件结构如表 4.1 所示。

表 4.1　项目文件结构

类　型	文　件	说　明
html 文件	detail.html	资讯详情 html 页面
图片文件	01.jpg	资讯详情图片 大小 320 像素×200 像素

2. 搭建资讯详情页面主体结构

使用语义化标签搭建资讯详情页面 detail.html 主体结构，包括页头和正文两个部分，页头使用<header>标签，正文使用<article>标签，如图 4.3 所示。

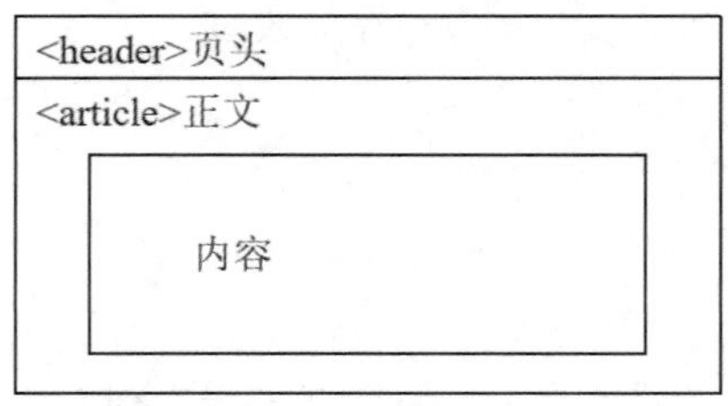

图 4.3　页面结构

3. 编写页头

在页头<header>中使用<h4>标签编写标题，如图 4.4 所示。

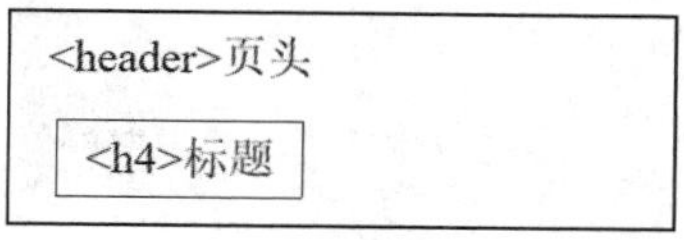

<header>页头

<h4>标题

图 4.4　页面结构

4. 编写正文

正文<article>部分编写一个<figure>标签存放资讯图片和一个<p>标签存放资讯内容，如图 4.5 所示。

图 4.5　正文部分设计结构

4.4 实现

4.4.1 创建资讯详情页面

创建一个资讯详情页面，命名为 detail.html，基本结构如下。

```
<!DOCTYPE html>
<html>
<head>
    <meta charset="UTF-8">
    <title></title>
</head>
<body>
</body>
</html>
```

4.4.2 搭建页头和正文结构

使用 HTML5 语义化标签<header>搭建页头，<article>搭建正文结构。

```
<!DOCTYPE html>
<html>
<head>
    <meta charset="utf-8" />
    <title></title>
</head>
<body>
<!--页头-->
    <header>
    </header>
<!--正文-->
    <article>
    </article>
</body>
</html>
```

4.4.3　编写页头

（1）在页头区域使用标题标签<h4>编写一个标题“HTML5 语义化”。

```
<!--页头-->
<header>
    <h4>HTML5 语义化标签</h4>
</header>
```

（2）页头页面效果如图 4.6 所示。

HTML5语义化标签

图 4.6　页头页面效果

4.4.4　编写正文

（1）创建资讯图片。

（2）在正文区域编写一个<figure>标签，在<figure>标签中添加一张图片，并使用<figcaption>元素为<figure> 添加标题。

```
<article>
    <figure>
        <img src="01.jpg" alt="" />
        <figcaption>header 标签</figcaption>
    </figure>
</article>
```

（3）资讯图片页面效果如图 4.7 所示。

图 4.7　资讯图片页面效果

（4）创建资讯内容。

① 在正文区域编写一个<p>标签，存放资讯内容，并使用<mark>标签突出显示内容中的关键字。

```
<article>
    ......
    <p>
        <mark>header 标签</mark>属于 HTML5 语义化标签，用来定义文档的页眉。
    </p>
</article>
```

② 页面效果如图 4.8 所示。

header标签属于HTML5语义化标签，用来定义文档的页眉

图 4.8　资讯页面效果

（5）页面最终效果如图 4.9 所示。

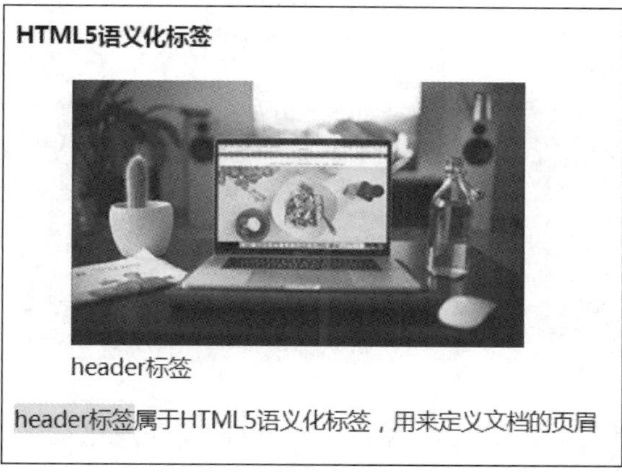

图 4.9　页面最终效果

第5章

HTML5 全局属性：通讯录

5.1 技能和知识点

知识导图如图 5.1 所示。

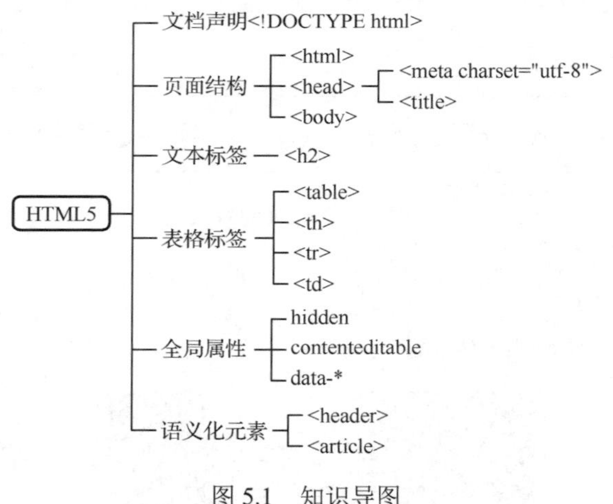

图 5.1　知识导图

5.2 需求简介

制作一个通讯录表格页面，使用 HTML5 全局属性实现通讯录内容的编辑和隐藏，页面要求如下：

（1）搭建一个通讯录表格；

（2）将手机号列隐藏；

（3）可对邮箱进行编辑。

页面效果如图 5.2 所示。

通讯录

编号	姓名	邮箱	联系地址	
1	张三	18600000000	zhangsan@163.com	中国
2	李四	18700000000	lisi@163.com	中国
3	王五	18800000000	wangwu@163.com	中国

图 5.2　页面效果

5.3　设计思路

1. 项目设计

（1）项目名称：contacts。

（2）项目文件结构如表 5.1 所示。

表 5.1　项目文件结构

类　　型	文　　件	说　　明
html 文件	contacts.html	通讯录 html 页面

2. 搭建页面主体结构

使用语义化标签搭建页面主体结构，如图 5.3 所示。

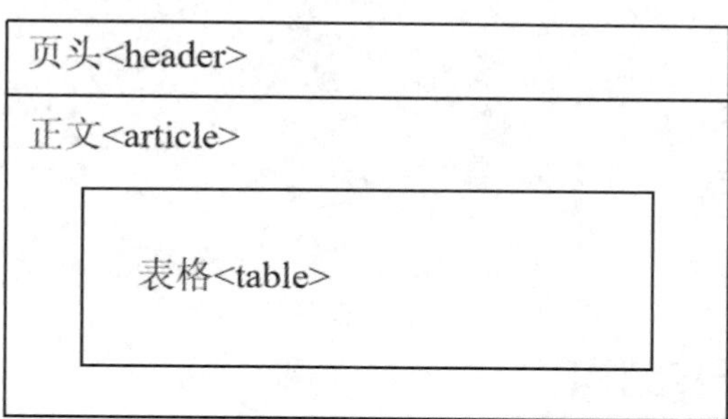

图 5.3　页面主体结构

3. 编写标题

在页头<header>中使用<h2>标签编写标题，如图 5.4 所示。

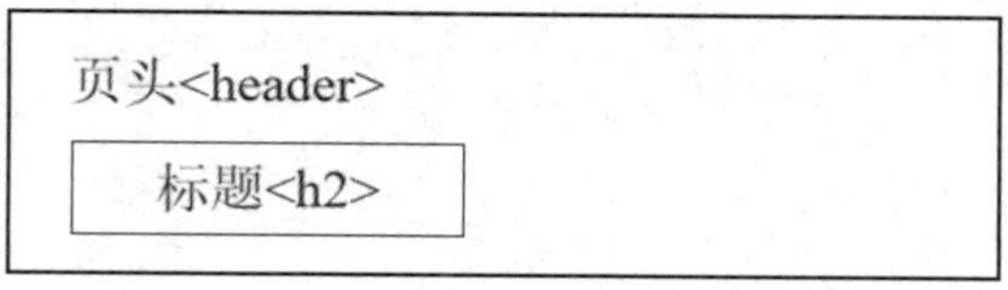

页头<header>

标题<h2>

图 5.4　编写标题

4. 创建并编写表格

正文区域创建表格，并编写表格元素，设置“手机号”全局属性 hidden，设置“邮箱”全局属性 contenteditable，设置“联系地址”全局属性 data-*，如图 5.5 所示。

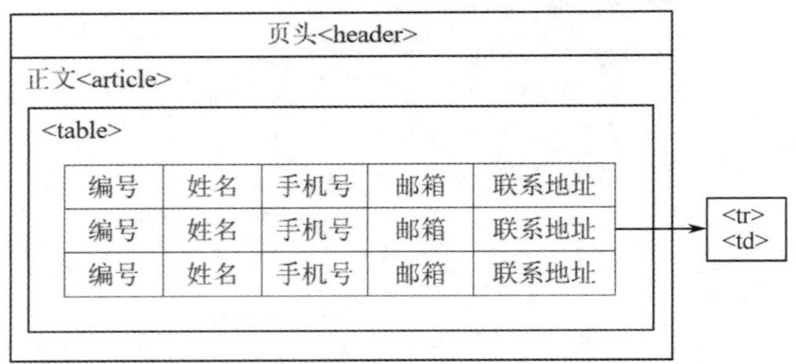

图 5.5　创建并编写表格

5.4　实现

5.4.1　创建通讯录页面

创建一个通讯录页面，命名为 contacts.html，基本结构如下。

```
<!DOCTYPE html>
<html>
<head>
<meta charset="UTF-8">
<title></title>
</head>
<body>
</body>
</html>
```

5.4.2　搭建页头和正文结构

使用 HTML5 语义化标签<header>搭建页头，<article>搭建正文结构。

```
<!DOCTYPE html>
<html>
<head>
    <meta charset="utf-8" />
    <title></title>
</head>
<body>
    <!--页头-->
    <header>
    </header>
```

```
        <!--正文-->
        <article>
        </article>
    </body>
    </html>
```

5.4.3 编写页头

（1）在页头区域使用标题标签<h2>编写一个标题“通讯录”。

```
<!--页头-->
<header>
<h2>通讯录</h2>
</header>
```

（2）页面效果如图 5.6 所示。

通讯录

图 5.6　页头页面效果

5.4.4 编写正文

1. 创建表格

（1）在正文区域使用<table>标签创建一个 2 行 5 列的表格。

（2）使用两个<tr>标签在表格中创建表格中的两行。

① 第一行为表头，<th>标签代表表头中的一个单元格；

② 第二行为数据，<td>标签代表表格中的一个单元格。

（3）编写表格中的单元格内容，包括“编号”“姓名”“手机号”“邮箱”“联系地址”。表格代码如下。

```
<!--表格-->
<table border="" cellspacing="" cellpadding="">
    <tr>
        <th>编号</th>
        <th>姓名</th>
        <th>手机号</th>
        <th>邮箱</th>
        <th>联系地址</th>
</tr>
    <tr>
        <td>1</td>
        <td>张三</td>
        <td>18600000000</td>
```

```
            <td>zhangsan@163.com</td>
            <td>中国</td>
        </tr>
</table>
```

2. 设置全局属性

（1）设置“手机号”列的全局属性 hidden=“hidden”，将此列隐藏。

```
<!--表格-->
<table border="" cellspacing="" cellpadding="">
        <tr>
            <th>编号</th>
            <th>姓名</th>
            <th hidden="hidden">手机号</th>
            <th>邮箱</th>
            <th>联系地址</th>
        </tr>
        <tr>
            <td>1</td>
            <td>张三</td>
            <td hidden="hidden">18600000000</td>
            <td>zhangsan@163.com</td>
            <td>中国</td>
        </tr>
</table>
```

（2）页面效果如图 5.7 所示。

编号	姓名	邮箱	联系地址
1	张三	zhangsan@163.com	中国

图 5.7　页面效果图

3. 设置“邮箱”列的数据单元格

设置全局属性 contenteditable=“true”，将此列设置为可编辑的状态。

```
<!--表格-->
<table border="" cellspacing="" cellpadding="">
        <tr>
            <th>编号</th>
            <th>姓名</th>
            <th hidden="hidden">手机号</th>
            <th>邮箱</th>
            <th>联系地址</th>
        </tr>
        <tr>
            <td>1</td>
            <td>张三</td>
            <td hidden="hidden">18600000000</td>
```

```
        <td contenteditable="true">zhangsan@163.com</td>
        <td>中国</td>
    </tr>
</table>
```

4. 页面效果

页面效果如图 5.8 所示。

编号	姓名	邮箱	联系地址
1	张三	zhangsan@qq.com	中国

图 5.8　页面效果

5. 设置全局属性

设置“联系地址”列的数据部分全局属性 data-*，如设置为 data-address=“湖北省武汉市”。

```
<!--表格-->
<table border="" cellspacing="" cellpadding="">
    <tr>
        <th>编号</th>
        <th>姓名</th>
        <th hidden="hidden">手机号</th>
        <th>邮箱</th>
        <th>联系地址</th>
    </tr>
    <tr>
        <td>1</td>
        <td>张三</td>
        <td hidden="hidden">18600000000</td>
        <td contenteditable="true">zhangsan@163.com</td>
        <td data-address="湖北省武汉市">中国</td>
    </tr>
</table>
```

6. 复制并更改数据内容

将数据部分的<tr>复制两份，并更改数据内容。

```
<tr>
    <td>1</td>
    <td>张三</td>
    <td hidden="hidden">18600000000</td>
    <td contenteditable="true">zhangsan@163.com</td>
    <td data-address="湖北省武汉市">中国</td>
</tr>
<tr>
    <td>2</td>
    <td>李四</td>
    <td hidden="hidden">18700000000</td>
    <td contenteditable="true">lisi@163.com</td>
```

```
    <td data-address="湖北省武汉市">中国</td>
</tr>
<tr>
    <td>3</td>
    <td>王五</td>
    <td hidden="hidden">18800000000</td>
    <td contenteditable="true">wangwu@163.com</td>
    <td data-address="湖北省武汉市" >中国</td>
</tr>
```

7. 页面最终效果

页面最终效果如图 5.9 所示。

通讯录

编号	姓名	邮箱	联系地址
1	张三	zhangsan@163.com	中国
2	李四	lisi@163.com	中国
3	王五	wangwu@163.com	中国

图 5.9　页面最终效果

第6章

HTML5 多媒体：HTML5 播放音频

6.1 技能和知识点

知识导图如图 6.1 所示。

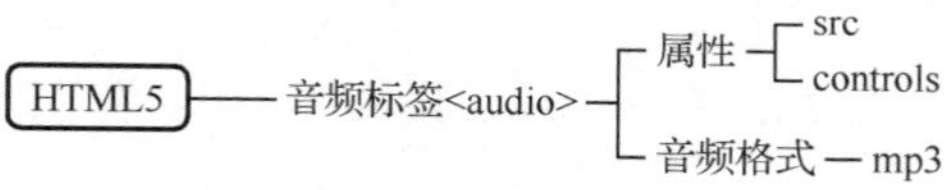

HTML5 —— 音频标签<audio>
- 属性
  - src
  - controls
- 音频格式 — mp3

图 6.1 知识导图

6.2 需求简介

编写音乐试听页面，使用 HTML5 的 audio 元素播放音频文件，页面效果如图 6.2 所示。

127.0.0.1:8020/musicPlay/index.html

音乐试听

图 6.2 页面效果

6.3 设计思路

1. 项目设计

（1）项目名称：musicPlay。

（2）项目文件结构如表 6.1 所示。

表 6.1 项目文件结构

类　型	文　件	说　明
html 文件	index.html	播放音频 html 页面
mp3 文件	audio/song.mp3	音频文件，格式 mp3

2. 搭建页面主体结构

搭建页面主体结构，<table>创建音乐列表，<audio>创建播放控件，如图 6.3 所示。

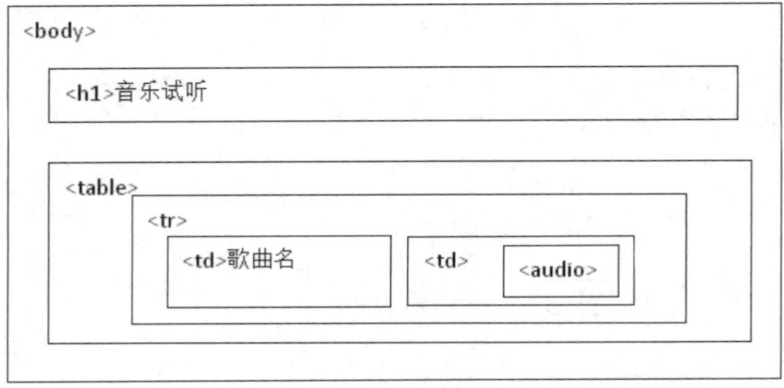

图 6.3 页面主体结构

6.4 实现

6.4.1 搭建页面结构

（1）创建 Web 项目 musicPlay。

（2）在项目中创建 index.html 文件，在 index.html 文件中搭建页面结构。

① 使用标题标签<h1>创建页面标题区域；

② 使用表格标签<table>创建页面内容区域。

```
<!DOCTYPE html>
<html>
    <head>
        <meta charset="utf-8">
        <title></title>
```

```
    </head>
    <body>
        <h1></h1>
        <table></table>
    </body>
</html>
```

6.4.2　设置标题

（1）修改<title>内容为“musicPlay”。

（2）修改<h1>内容为“音乐试听”。

```
<!DOCTYPE html>
<html>
    <head>
        <meta charset="utf.8">
        <title>musicPlay</title>
    </head>
    <body>
        <h1>音乐试听</h1>
        <table>
        </table>
    </body>
</html>
```

（3）页面效果如图 6.4 所示。

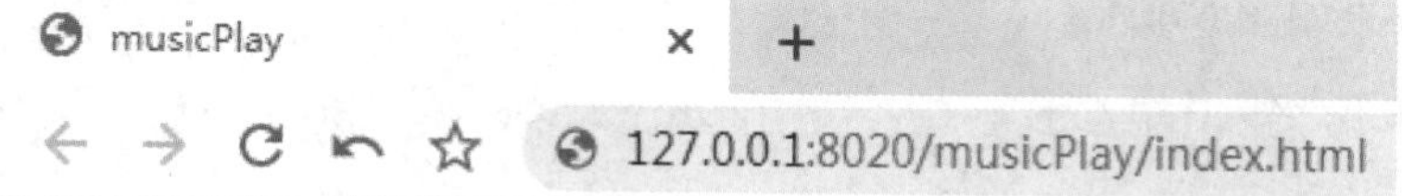

图 6.4　页面效果

6.4.3　创建音乐列表

1. 创建音乐列表

在<table>中添加<tr>和<td>，在<td>中嵌入<audio>标签创建音乐播放器。设置<audio>标签 src 属性为音乐地址。

```
<table>
    <tr>
        <td>歌曲名</td>
        <td>
```

```
                <audio src="./audio/song.mp3">
                    当前浏览器不支持 audio
                </audio>
            </td>
        </tr>
        <!--复制一份<tr></tr>-->
</table>
```

2. 页面效果

页面效果如图 6.5 所示。

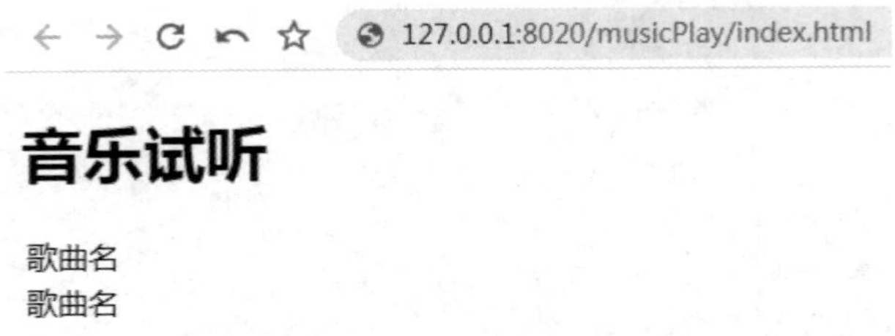

图 6.5　页面效果

3. 显示播放控件

（1）给<audio>标签添加 controls 属性，显示播放控件。

```
<audio src="./audio/song.mp3" controls>
    当前浏览器不支持 audio
</audio>
```

（2）页面效果如图 6.6 所示。

音乐试听

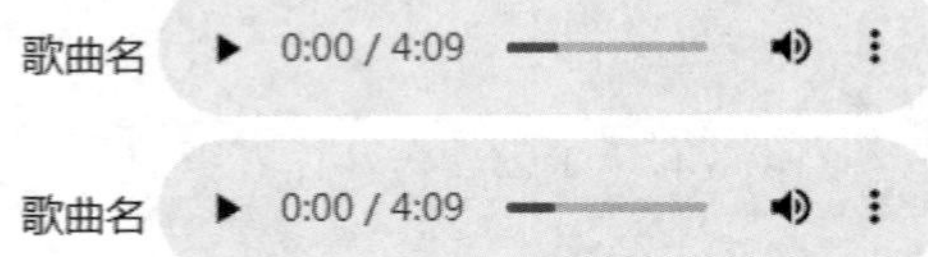

图 6.6　页面效果

第7章

HTML5 多媒体：HTML5 播放视频

7.1 技能和知识点

知识导图如图 7.1 所示。

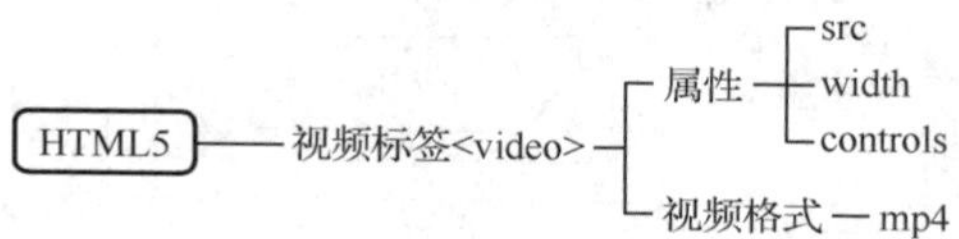

图 7.1　知识导图

7.2 需求简介

编写页面，使用 HTML5 的 video 元素播放视频文件，功能需求效果如图 7.2 所示。

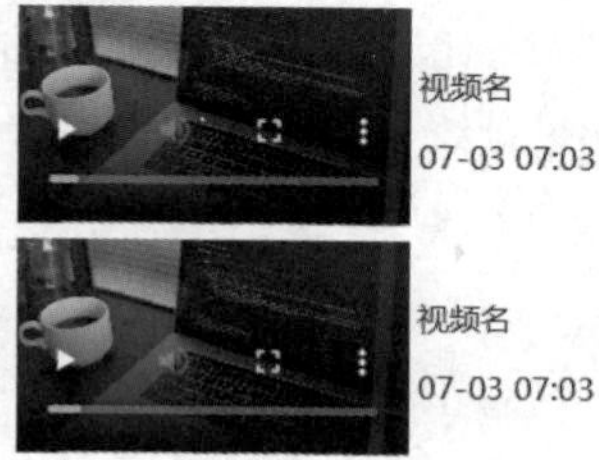

图 7.2　功能需求效果

7.3 设计思路

1. 项目设计

（1）项目名称：videoPlay。

（2）项目文件结构如表 7.1 所示。

表 7.1 项目文件结构

类　型	文　件	说　明
html 文件	index.html	播放视频 html 页面
mp4 文件	video/01.mp4	视频文件，格式 mp4

2. 搭建页面主体结构

搭建页面主体结构，用<table>创建播放列表，用<video>创建播放控件，如图 7.3 所示。

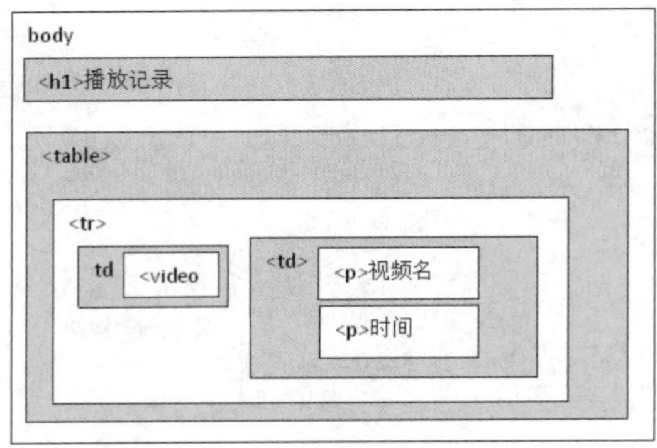

图 7.3 页面主体结构

7.4 实现

7.4.1 搭建页面结构

（1）创建 Web 项目 videoPlay。

（2）在项目中创建 index.html 文件，在 index.html 文件中搭建页面结构。

① 使用标题标签<h1>创建页面标题区域。

② 使用表格标签<table>创建页面内容区域。

```
<!DOCTYPE html>
<html>
    <head>
        <meta charset="utf-8">
```

```
        <title></title>
    </head>
    <body>
        <h1></h1>
        <table></table>
    </body>
</html>
```

7.4.2　设置标题

（1）修改<title>内容为“videoPlay”。

（2）修改<h1>内容为“播放记录”。

```
<!DOCTYPE html>
<html>
    <head>
        <meta charset="utf-8">
        <title>videoPlay</title>
    </head>
    <body>
        <h1>播放记录</h1>
        <table>
        </table>
    </body>
</html>
```

（3）页面效果如图 7.4 所示。

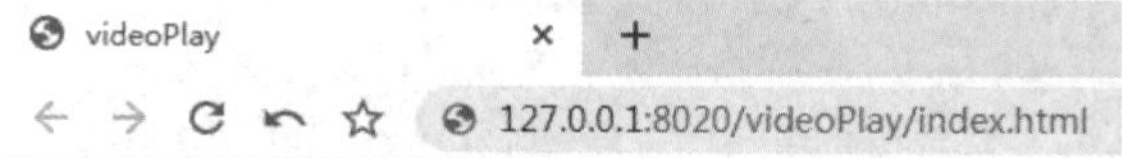

图 7.4　页面效果

7.4.3　创建视频列表

1．创建视频

在<table>中添加<tr>和<td>，在<td>中嵌入<video>元素创建视频列表，使用<video>的 width 属性设置视频宽度为 200px。

```
<table>
    <tr>
        <td>
            <video src="./video/01.mp4" width="200px">
                当前浏览器不支持 video
```

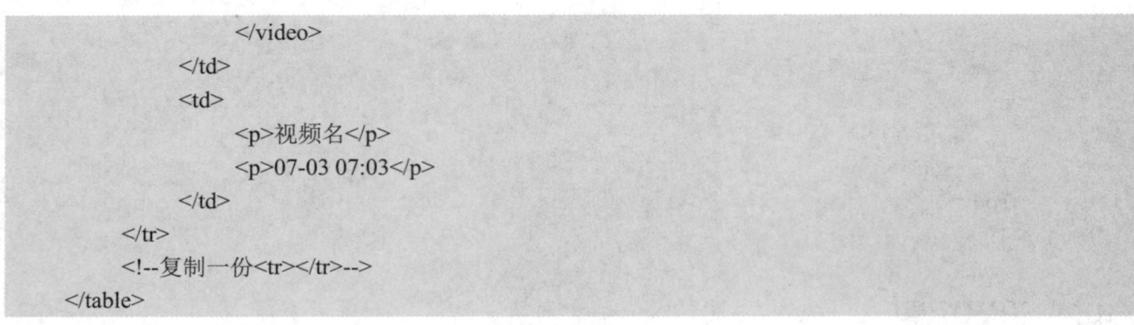

```
                </video>
            </td>
            <td>
                <p>视频名</p>
                <p>07-03 07:03</p>
            </td>
        </tr>
        <!--复制一份<tr></tr>-->
</table>
```

2. 页面效果

视频列表效果如图 7.5 所示。

图 7.5　视频列表效果

3. 显示播放控件

（1）给<video>标签添加 controls 属性，显示播放控件。

```
<video src="./video/01.mp4" width="200px" controls>
    当前浏览器不支持 video
</video>
```

（2）显示播放控件效果如图 7.6 所示。

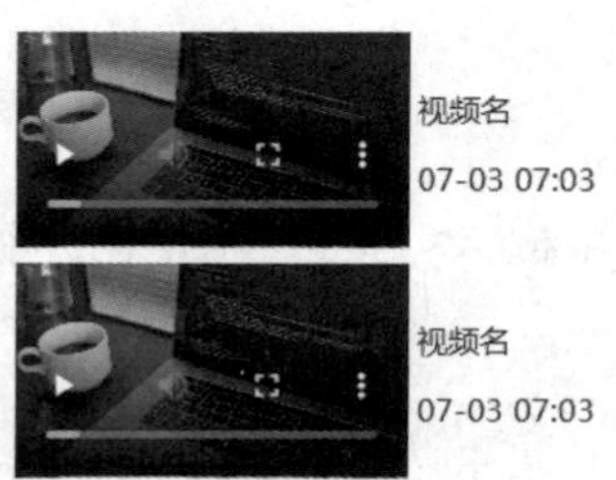

图 7.6　显示播放控件效果

第8章

HTML5语义化元素：音乐内容页

8.1 技能和知识点

知识导图如图 8.1 所示。

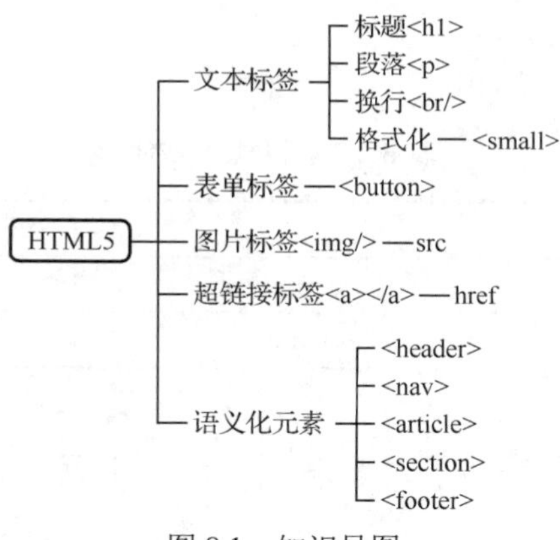

图 8.1　知识导图

8.2 需求简介

使用 HTML5 的标准元素，制作一个音乐内容页。

1. 页头

4 个导航链接

2. 正文

（1）音乐名

（2）音乐内容：歌手、所属专辑和音乐图片

（3）操作按钮

3. 页脚

3 个链接

页面效果如图 8.2 所示。

图 8.2　页面效果

8.3　设计思路

1. 项目设计

（1）项目名称：musicContent。

（2）项目文件结构如表 8.1 所示。

表 8.1　项目文件结构

类　　型	文　　件	说　　明
html 文件	index.html	音乐内容页
jpg 文件	img/01.jpg	音乐图片，大小 130 像素×130 像素

2. 搭建页面主体结构

页面分为页头、正文和页脚三部分，如图 8.3 所示。使用 HTML5 语义化标签搭建页面主体结构。

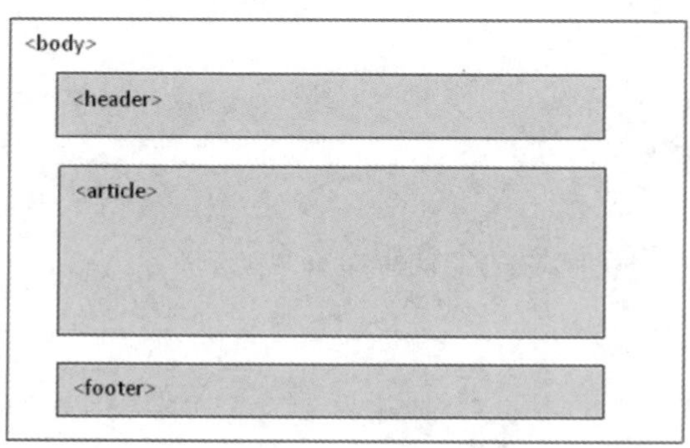

图 8.3　页面主体结构

3. 创建正文内容

使用 HTML5 元素创建正文内容，正文部分主体结构如图 8.4 所示。

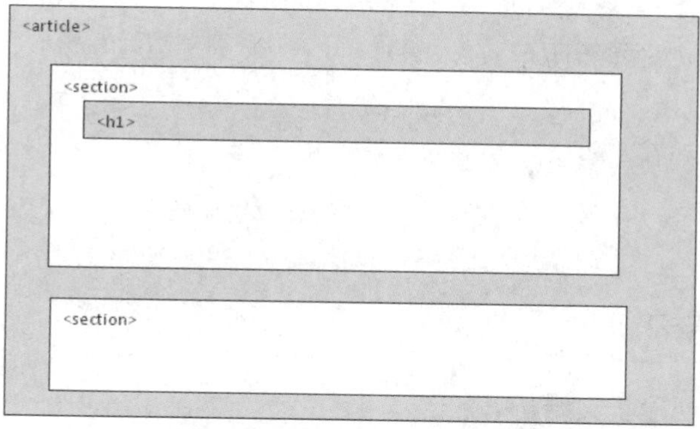

图 8.4　正文部分主体结构

8.4　实现

8.4.1　搭建页面结构

（1）创建项目 musicContent。

（2）编写 index.html，使用 HTML5 语义化标签搭建页面主体结构。

```
<body>
    <header>
        <!--页头-->
    </header>
    <article>
        <!--正文-->
    </article>
    <footer>
        <!--页脚-->
    </footer>
</body>
```

8.4.2　制作页头

（1）在<header>标签中使用 HTML5 语义化标签<nav>创建导航栏。编写导航栏内容，使用<a>标签创建 4 个导航链接。

```
<header>
    <nav>
        <a href="">推荐</a>
        <a href="">排行榜</a>
        <a href="">歌单</a>
```

```
            <a href="">歌手</a>
        </nav>
</header>
```

（2）页头部分效果如图 8.5 所示。

← → C ↶ ☆ 127.0.0.1:8020/musicContent/index.html

推荐 排行榜 歌单 歌手

图 8.5　页头部分效果

8.4.3　创建正文结构

在<article>标签中创建正文结构。

```
<article>
        <section>
                <!--音乐内容-->
        </section>
        <section>
                <!--.操作按钮-->
        </section>
</article>
```

8.4.4　创建音乐内容

（1）使用<h1>标签定义音乐的名称，<small>让歌手和所属专辑以小号字体显示，使用<img>向页面中插入音乐图片。

```
<section>
        <h1>莫扎特: 土耳其进行曲</h1>
        <p>
                <small>歌手：Noble Music Project</small><br />
                <small>所属专辑：午茶约会: 古典钢琴庄园</small>
        </p>
        <img src="./img/01.jpg">
</section>
```

（2）音乐正文部分效果如图 8.6 所示。

← → C ↶ ☆ 127.0.0.1:8020,

推荐 排行榜 歌单 歌手

莫扎特: 土耳其进行曲

歌手：Noble Music Project
所属专辑：午茶约会: 古典钢琴庄园

图 8.6　音乐正文部分效果

8.4.5　操作按钮

（1）在<section>标签中使用<button>按钮创建四个操作按钮，包括播放、收藏、分享和下载。

```
<section>
    <button>播放</button>
    <button>收藏</button>
    <button>分享</button>
    <button>下载</button>
</section>
```

（2）添加按钮后效果如图 8.7 所示。

图 8.7　添加按钮后效果

8.4.6　制作页脚

（1）在<footer>标签中编写页脚内容，使用<small>使链接显示为小号字体。链接内容为“服务条款”“隐私政策”“意见反馈”。

```
<footer>
    <small>
        <a href="">服务条款</a>
        <a href="">隐私政策</a>
        <a href="">意见反馈</a>
    </small>
</footer>
```

（2）运行效果如图 8.8 所示。

图 8.8　运行效果

第9章 CSS+CSS3：微博网站首页

9.1 技能和知识点

知识导图如图9.1所示。

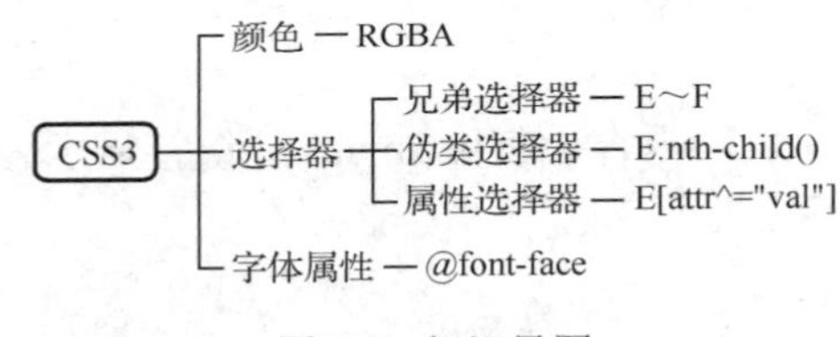

图9.1 知识导图

9.2 需求简介

编写微博网站的首页，页面分为页头、正文两部分。

1. 页头

页头部分具有LOGO、搜索栏、登录/注册链接。

2. 正文

（1）导航栏。

正文左侧导航栏分为“热门”“头条”“视频”和“榜单”4个分类导航。

（2）微博列表。

正文右侧为微博列表，每条微博包含微博内容、头像、用户名和发布时间，页面效果如图9.2所示。

图 9.2　页面效果

9.3　设计思路

1. 项目设计

（1）项目名称：tinyBlog。

（2）项目文件结构如表 9.1 所示。

表 9.1　项目文件结构

类　　型	文　　件	说　　明
html 文件	index.html	微博网站首页
css 文件	index.css	微博网站首页样式
png 文件	img/logo.png img/default.png	LOGO 图片，大小为 150 像素×48 像素 默认用户头像，大小为 48 像素×48 像素
ttf 文件	font/SIMYOU.TTF	字体文件

2. 搭建页面主体结构

页面主体分为页头和正文两部分，如图 9.3 所示。

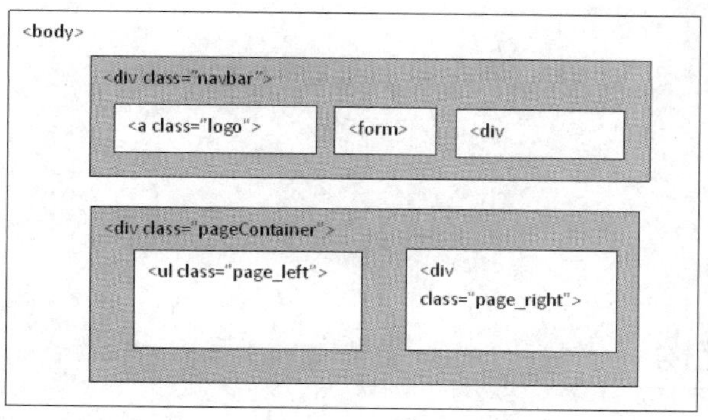

图 9.3　页面主体结构设计

页头包括 LOGO、搜索表单和登录/注册链接。

正文包括左侧导航栏和右侧微博列表。

3. 设置搜索栏

使用 CSS3 颜色样式设置搜索栏，如图 9.4 所示。

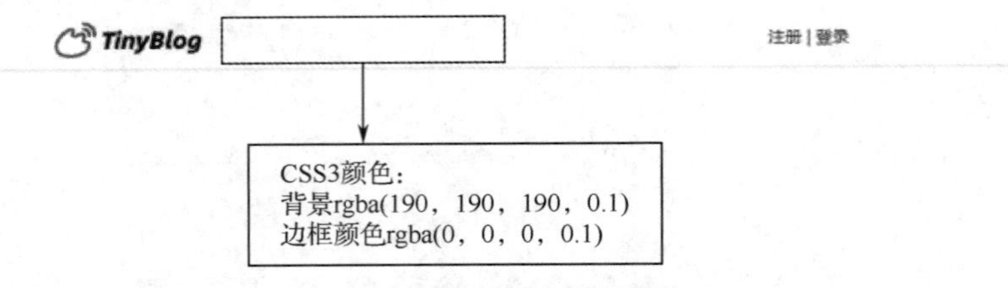

图 9.4　使用 CSS3 设置搜索栏

4. 设置导航栏

使用 CSS3 伪类选择器和字体样式设置导航栏，如图 9.5 所示。

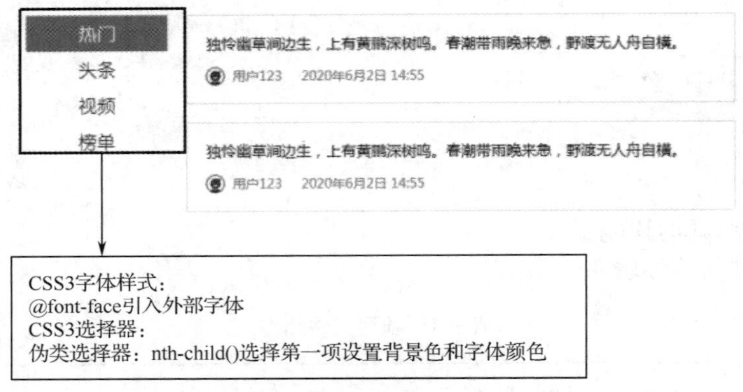

图 9.5　使用 CSS3 设置导航栏后效果图

5. 设置微博列表

使用 CSS3 兄弟选择器、属性选择器和颜色设置微博列表，如图 9.6 所示。

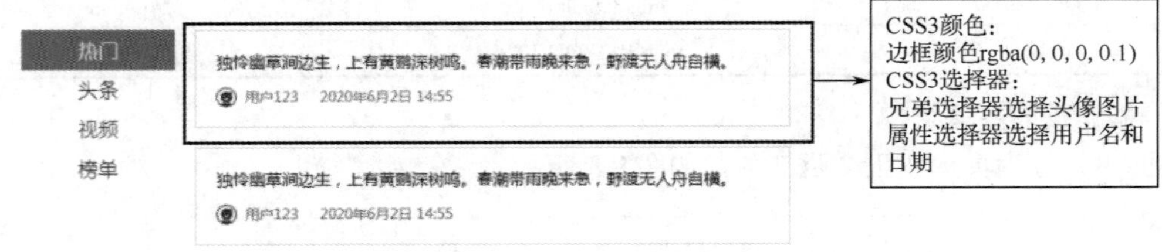

图 9.6　使用 CSS3 设置微博列表后效果图

9.4　实现

9.4.1　搭建页面结构

（1）创建项目 TinyBlog。

（2）在 index.html 中搭建页面主体结构。

① 给页头<div>标签设置 class 为“navbar”。

② 给正文<div>标签设置 class 为“pageContainer”。

```
<!DOCTYPE html>
<html>
        <head>
                <meta charset="UTF-8">
                <title>TinyBlog</title>
        </head>
        <body>
                <div class="navbar">
                        <!--页头-->
                </div>
                <div class="pageContainer">
                        <!--正文-->
                </div>
        </body>
</html>
```

9.4.2　制作页头

（1）在<div class="navbar">中编写页头内容。

① LOGO 部分为一个超链接标签</a>，设置 class 值为“logo”。

② 设置搜索表单内部为一个文本输入框及一个搜索按钮。

③ 导航栏部分为注册和登录两个超链接标签，设置导航栏容器 class 值为“nav”，设置超链接标签 class 值为“nav_link”。

```
<div class="navbar">
        <a href="index.html" class="logo"></a><!--logo-->
        <form action="" method="get"><!--搜索表单-->
                <input type="text" />
                <input type="submit" value="搜索" />
        </form>
        <div class="nav"><!--登录注册-->
                <a class="nav_link" href="">注册</a><span> | </span>
                <a class="nav_link" href="">登录</a>
        </div>
</div>
```

（2）页头部分效果如图 9.7 所示。

图 9.7　页头部分效果

（3）在 index.css 中设置页头样式。

① 在 index.html 的<head>标签中引入样式文件 css/index.css。

```
<link rel="stylesheet" href="./css/index.css">
```

② 创建 index.css 文件，在文件中编写初始化样式。

使用通配符选择器*将所有元素的内边距 padding、外边距 margin 都设置为 0，去除列表样式。

使用标签选择器，设置所有<a>标签文本颜色为黑色，去除文本下划线。

```
/* 通配符选择器 */
*{
    padding: 0;
    margin: 0;
/* 去除列表样式 */
list-style: none;
}
/* 标签选择器 */
a{
/* 去除文本下划线 */
    text-decoration: none;
/* 文本颜色为黑色 */
    color: black;
}
```

（4）使用 class 选择器设置<div class="navbar">样式。

① 设置元素宽度为父元素的 70%，上下内边距为 0，左右内边距为 15%。

② 设置当内容超过溢出时隐藏。

③ 设置下边框为宽度 1px 的实线且颜色为黑色，透明度为 0.1。

```
.navbar{
    width: 70%;
padding: 0 15%;
/* 溢出隐藏 */
overflow: hidden;
/* 设置下边框样式 */
    border-bottom: 1px solid rgba(0,0,0,0.1);
}
```

页头部分效果如图 9.8 所示。

图 9.8 页头部分效果

（5）使用 class 选择器通过背景属性设置 LOGO 图。

① 设置内容宽度为 150px，高度为 48px。

② 设置上外边距为 6px。
③ 设置背景图片为 logo.png 且背景图片不重复。
④ 设置浮动布局为左浮动。

```
.logo{
    width: 150px;
    height: 48px;
    margin-top: 6px;
/* 设置背景图片且不重复显示 */
    background: url(../img/logo.png)no.repeat;
/* 设置为左浮动 */
    float: left;
}
```

页头部分效果如图 9.9 所示。

图 9.9 页头部分效果

（6）设置<form>表单样式。
① 设置 form 表单上外边距为 60px，左外边距为 30px，右下外边距为 0。
② 设置表单为行内块元素，使用 rgba()函数设置表单的背景颜色。
③ 设置表单边框宽度为 1px 的黑色实线，透明度为 0。
④ 设置表单内的输入框上下内边距为 2px，左右内边距为 5px。
⑤ 设置输入框背景颜色为 transparent，即全透明的黑色。
⑥ 去除输入框的边框。

```
.navbar form{
    margin: 16px 0 0 30px;
    display: inline-block;
    background: rgba(190,190,190,0.1);
    border: 1px solid rgba(0,0,0,0.1);
}
.navbar form input{
    padding:2px 5px;
    background: transparent;
/* 去除边框 */
    border: none;
}
```

页头部分效果如图 9.10 所示。

图 9.10 页头部分效果

（7）设置<div class="nav">样式。

① 设置浮动布局为右浮动。

② 设置文本行高为60px。

```
.nav{
    float: right;
/* 设置文本行高为60px */
    line-height: 60px;
}
```

页头部分效果如图9.11所示。

图9.11　页头部分效果

9.4.3　制作正文导航栏

（1）在index.html的<div class="pageContainer">中编写导航栏。

正文左侧导航栏为一个ul无序列表，内容为“热门”“头条”“视频”和“榜单”。

```
<div class="pageContainer">
    <ul class="page_left">
        <li>热门</li>
        <!--省略剩余三个-->
    </ul>
</div>
```

导航栏效果如图9.12所示。

图9.12　导航栏效果

（2）在index.css中设置导航栏样式。

① 设置<div class="pageContainer">样式。

② 设置元素宽度为65%，上下外边距为20px，左右外边距为auto。

③ 设置元素内容溢出时隐藏。

```
.pageContainer{
    width: 65%;
    margin: 20px auto;
    overflow: hidden;
}
```

导航栏效果如图9.13所示。

图 9.13　导航栏效果

（3）设置并使用自定义字体。

① 使用 CSS3 自定义字体@font.face 来引入外部字体并命名为“myFont”。

② 设置导航栏整体宽度为 20%，左浮动且字体大小为 20px。设置字体为自定义字体“myFont”。

```
@font-face{
/* 自定义字体名称 */
font-family: "myFont";
/* 引入外部字体 */
    src: url(../font/SIMYOU.TTF);
}
.page_left{
    width: 20%;
    float: left;
font-size: 20px;
/* 使用自定义字体 */
    font-family: "myFont";
}
```

导航栏部分效果如图 9.14 所示。

图 9.14　导航栏部分效果

（4）设置导航栏列表项样式。

① 使用后代选择器设置列表项行高为 40px，文本居中对齐。

② 使用 CSS3 伪类选择器 nth-child()设置第一个元素文字颜色为白色，背景颜色为橘黄色。

```
.page_left li{
line-height: 40px;
/* 设置文本居中对齐 */
    text-align: center;
}
.page_left li:nth-child(1){
    color: white;
    background: orangered;
}
```

导航栏效果如图 9.15 所示。

图 9.15　导航栏效果

9.4.4　制作正文微博列表

1. 在<div class="pageContainer">中继续编写微博列表

（1）编写一个 class 为 page_right 的<div>。

（2）编写一个 class 为 blog_module 的超链接标签<a>，其内部内容有微博内容、用户头像、用户昵称及发布时间。

（3）将<a class="blog_module">及其内容复制 4 份。

```
<div class="page_right">
    <a href="" class="blog_module">
        <p>独怜幽草涧边生，上有黄鹂深树鸣。春潮带雨晚来急，野渡无人舟自横。</p>
        <img src="./img/default.png">
        <p class="subinfo_writer">用户 123</p>
        <p class="subinfo_time">2020 年 6 月 2 日  14:55</p>
    </a>
    <!--复制 4 份-->
</div>
```

（4）微博列表部分效果如图 9.16 所示。

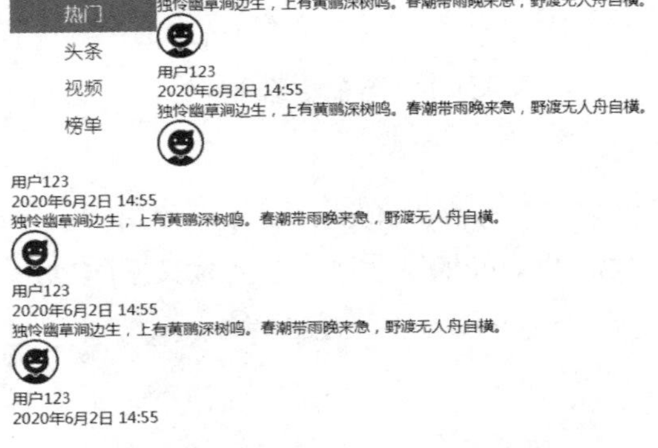

图 9.16　微博列表部分效果

2. 在 index.css 中设置微博列表样式

编写微博列表布局，设置其宽度为 80%，且为右浮动。

```
.page_right{
    width: 80%;
/*  设置右浮动  */
```

```
        float: right;
    }
```

3. 编写微博模板样式

（1）设置元素为块级元素。

（2）设置元素内边距为 20px，上右外边距为 0，下左外边距为 20px，边框宽度为 1px 黑色实线，透明度为 0.1。

（3）设置元素内容溢出时隐藏。

```
.blog_module{
        display: block;
        padding: 20px;
        margin: 0 0 20px 20px;
        border: 1px solid rgba(0,0,0,0.1);
        overflow: hidden;
}
```

4. 页面效果

微博列表部分效果如图 9.17 所示。

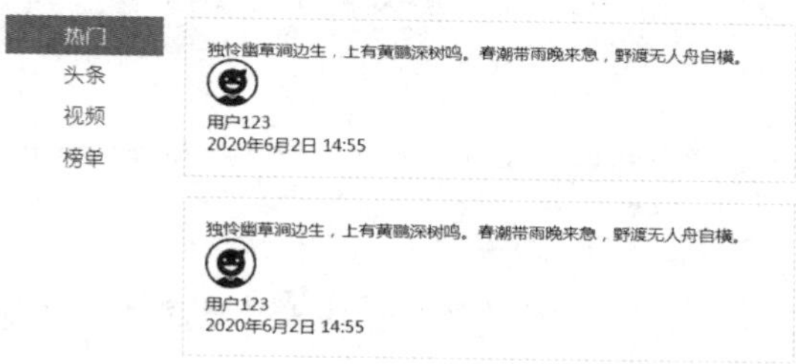

图 9.17　微博列表部分效果（一）

5. 使用兄弟选择器设置用户头像样式

（1）设置宽度为 20px，左浮动。

（2）设置上外边距为 16px，右外边距为 8px，下左外边距为 0。

```
.blog_module p~img{
        width:20px;
        float: left;
        margin: 16px 8px 0 0;
}
```

（3）这时的微博列表部分效果如图 9.18 所示。

独怜幽草涧边生，上有黄鹂深树鸣。春潮带雨晚来急，野渡无人舟自横。
用户123
2020年6月2日 14:55

图 9.18　微博列表部分效果（二）

6. 使用属性选择器设置用户名和发布日期样式

（1）设置元素为行内块元素。

（2）设置字体大小为 14px，文本颜色为灰色。

（3）设置上右外边距为 16px，下左外边距为 0。

```
p[class^="subinfo"]{
        display: inline-block;
        font-size: 14px;
        color: grey;
        margin:16px 16px 0 0;
}
```

（4）最终运行效果如图 9.19 所示。

图 9.19 最终运行效果

第 10 章

CSS+CSS3：技术论坛系统首页

10.1 技能和知识点

知识导图如图 10.1 所示。

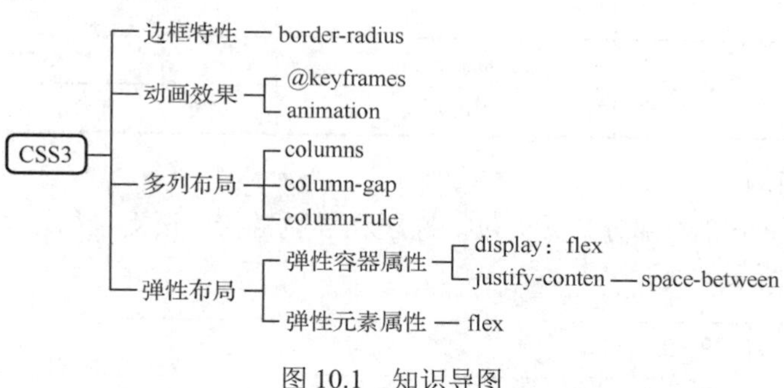

图 10.1　知识导图

10.2 需求简介

使用 CSS3 制作技术论坛的首页，页面内容包括页头和正文两部分。

1. 页头

标题和 3 个导航链接。

2. 正文

（1）分类列表：4 个分类导航。

（2）帖子列表：最新帖子列表和最热帖子列表。

页面效果如图 10.2 所示。

Tech

首页 推荐 热门

论坛分类

- HTML
- CSS
- HTML5
- CSS3

最新

- html的注释怎么写
- 开发HTML5用什么开发工具比较好
- 关于css的小问题
- 求大神，这个效果怎么做出来，急急急！！！
- span标签实现多选列表效果
- HTML5期末考核难题，求解答

最热

- html的注释怎么写
- 开发HTML5用什么开发工具比较好
- 关于css的小问题
- 求大神，这个效果怎么做出来，急急急！！！
- span标签实现多选列表效果
- HTML5期末考核难题，求解答

图 10.2　页面效果

10.3　设计思路

1. 项目设计

（1）项目名称：techForum。

（2）项目文件结构如表 10.1 所示。

表 10.1　项目文件结构

类　型	文　件	说　明
html 文件	index.html	技术论坛系统首页
css 文件	index.css	技术论坛系统首页样式

2. 搭建页面结构

页面分为页头和正文两部分，页头包括标题和导航链接，正文包括左侧分类列表和右侧帖子列表，如图 10.3 所示。

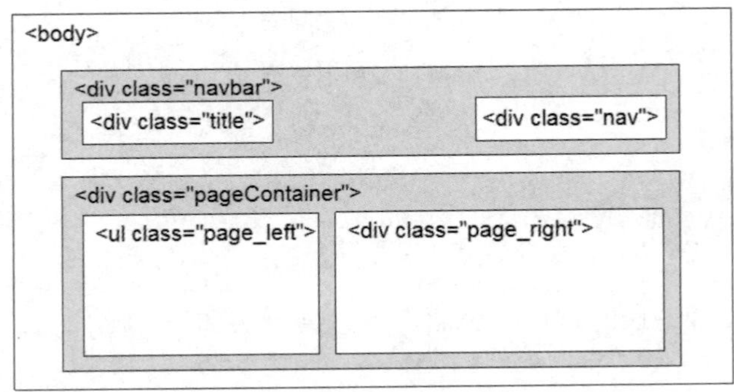

图 10.3　页面结构设计

3. 搭建页头

使用 CSS3 弹性布局搭建页头，使用 CSS3 动画制作标题，如图 10.4 所示。

4. 搭建正文

使用 CSS3 弹性布局和多列布局搭建正文内容，如图 10.5 所示。

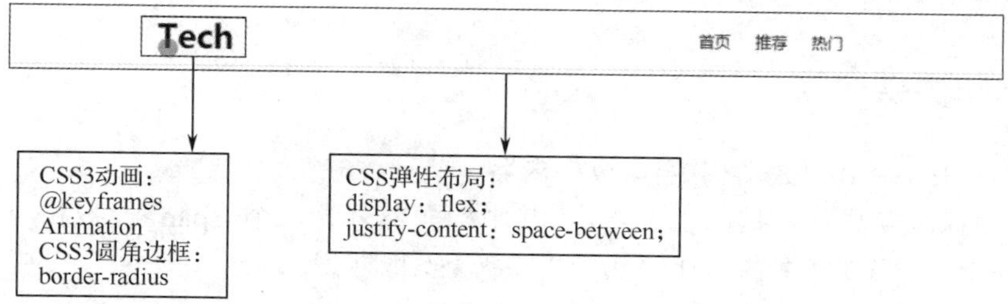

图 10.4　使用 CSS3 制作页头

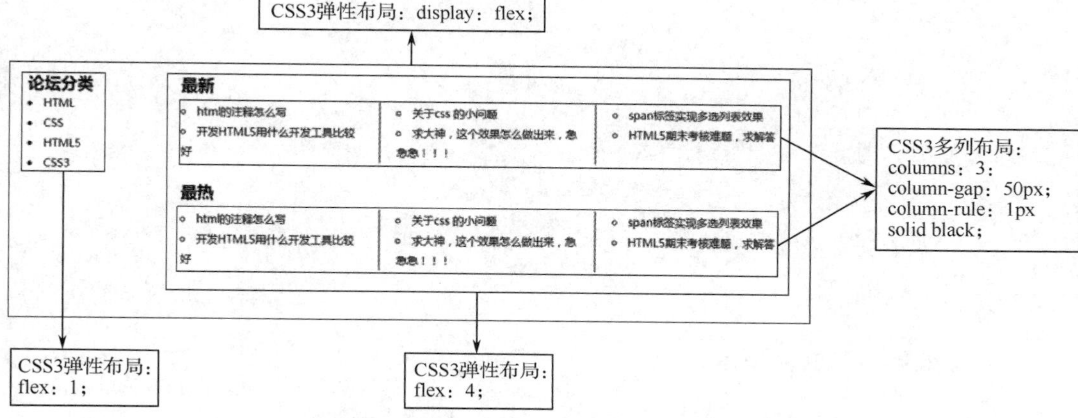

图 10.5　正文部分布局

10.4　实现

10.4.1　搭建页面结构

（1）创建项目 techForum。

（2）在 index.html 中搭建页面主体结构。

```
<!DOCTYPE html>
<html>
    <head>
        <meta charset="UTF-8">
        <title>techForum</title>
    </head>
    <body>
        <div class="navbar"></div>
    <div class="pageContainer"></div>
    </body>
</html>
```

10.4.2 制作页头

1. 在<div class="navbar">中编写页头内容

（1）页头由标题和导航链接两部分构成。其中标题部分为一个<span>标签和一个<h1>标签，导航链接部分为“首页”“推荐”和“热门”三个<a>标签。

```
<div class="navbar">
        <div class="title">
<!--标题-->
<span class="move"></span>
                <h1>Tech</h1>
        </div>
        <div class="nav"><!--导航链接-->
                <a href="">首页</a>
                <a href="">推荐</a>
                <a href="">热门</a>
        </div>
</div>
```

（2）页面效果如图 10.6 所示。

127.0.0.1:8020/techForum/index.html

Tech

首页 推荐 热门

图 10.6　页面效果

2. 在 index.css 中设置页头样式

（1）在 index.html 的<head>标签中引入样式文件。

```
<link rel="stylesheet" href="./css/index.css">
```

（2）给样式初始化，使用通配符选择器*去掉所有元素内边距和外边距。使用标签选择器去掉<a>标签的下划线，设置文字颜色为黑色。

```
*{
        padding: 0;
        margin: 0;
}
a{
        text-decoration: none;
        color: black;
}
```

（3）设置<div class="navbar">样式。

① 设置上下内边距为 0，左右内边距为 15%。行高为 60px。下边框为黑色实线 1px，透

明度为 0.1。

② 设置为弹性布局，并使用 justify-content 属性使弹性子元素（标题和导航）在主轴两端对齐。

```
.navbar{
	padding: 0 15%;
	line-height: 60px;
	border-bottom: 1px solid rgba(0,0,0,0.1);
/* 设置弹性布局 */
display: flex;
	justify-content: space-between;
}
```

（4）页面效果如图 10.7 所示。

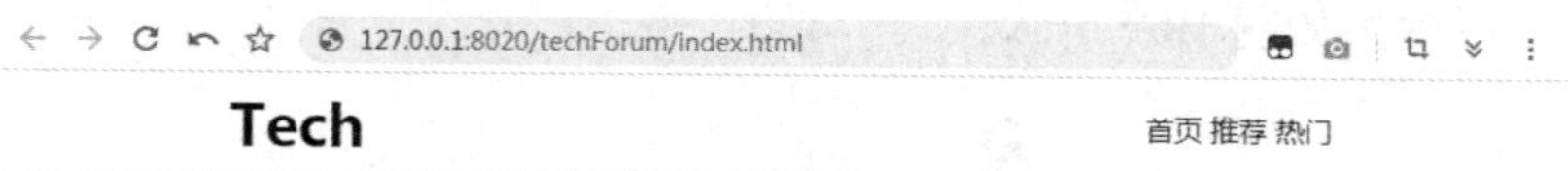

图 10.7　页面效果

（5）编写导航链接样式。

设置上下内边距为 0，左右内边距为 10px。

```
.nav a {
	padding: 0 10px;
}
```

（6）导航增加内边距效果如图 10.8 所示。

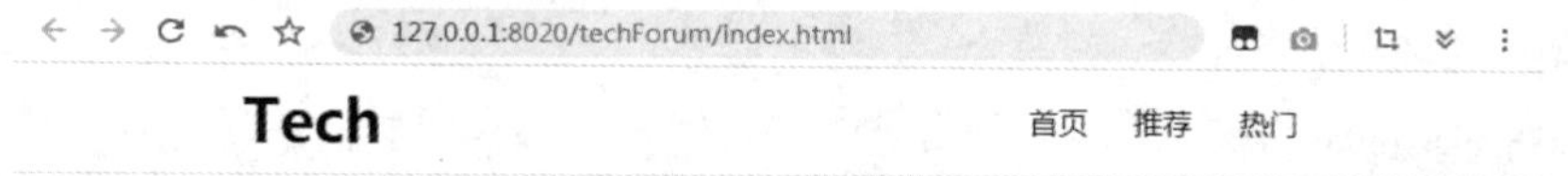

图 10.8　导航增加内边距效果

10.4.3　添加标题动画

（1）设置<div class="title">为相对定位。

```
.title {
	position: relative;
}
```

（2）使用@keyframes 规则创建动画 move，控制 top 及 left 属性。

```
@keyframes move{
	0%	{top: 0;	left: 0;}
	25% {top: 40px;left: 0;}
	50% {top: 25px;left: 0;}
	100%{top: 25px;left: 50px;}
}
```

（3）设置<span class="move">样式。

① 该元素为绝对定位，背景颜色 rgba(255, 0, 0, 0.5)，25px 的圆角边框，animation 属性应用动画 move：持续时间 3s，以低速结束，无限循环。

```
.title span.move {
        width: 20px;
        height: 20px;
        border-radius: 25px;
        background: rgba(255, 0, 0, 0.5);
        position: absolute;
        animation: move 3s ease-out infinite ;
}
```

② CSS3 动画效果如图 10.9 所示。

图 10.9　CSS3 动画效果

10.4.4　制作正文分类列表

1. 在 index.html 的<div class="pageContainer">中编写分类列表

（1）分类列表为一个 ul 无序列表，内容为一个标题“论坛分类”和四个列表项“HTML”“CSS”“HTML5”和“CSS3”。

```
<div class="pageContainer">
        <ul class="page_left">
                <h2>论坛分类</h2>
                <li>HTML</li>
                <li>CSS</li>
                <li>HTML5</li>
                <li>CSS3</li>
        </ul>
</div>
```

（2）正文部分效果如图 10.10 所示。

Tech　　首页　推荐　热门

论坛分类
HTML
CSS
HTML5
CSS3

图 10.10　正文部分效果

2. 在 index.css 中设置分类列表样式

（1）设置<div class="pageContainer">为弹性布局，设置为弹性布局后的效果如图 10.11 所示。

```
.pageContainer{
        width: 70%;
        margin: 20px auto;
        display: flex;
}
```

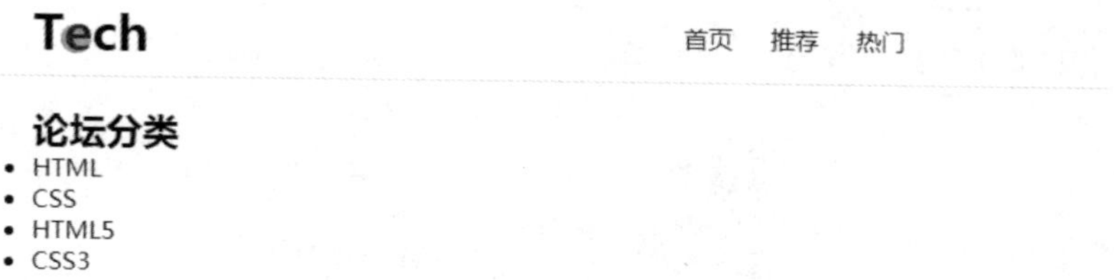

图 10.11　设置为弹性布局后的效果

（2）使用 flex 属性分配弹性子元素占有的区域大小，正文部分效果如图 10.12 所示。

```
.page_left{
        flex: 1;
        list-style: inside;
        line-height: 30px;
}
```


图 10.12　正文部分效果

10.4.5　制作正文帖子列表

1. 在<div class="pageContainer">中继续编写帖子列表

（1）编写一个<div>标签，内容为一个<h2>标题“最新”及一个 ul 无序列表。其中列表项为帖子标题。

（2）将<div>及其内容复制一份，修改<h2>标题内容为“最热”。

```
<div class="page_right">
        <div>
                <h2>最新</h2>
                <ul class="post_list">
                        <li>html 的注释怎么写</li>
```

```
                <li>开发 HTML5 用什么开发工具比较好</li>
                <li>关于 css  的小问题</li>
                <li>求大神，这个效果怎么做出来，急急急!!! </li>
                <li>span 标签实现多选列表效果</li>
                <li>HTML5 期末考核难题，求解答</li>
            </ul>
        </div>
        <!..复制 1 份<div>，修改<h2>为最热..>
</div>
```

（3）正文部分效果如图 10.13 所示。

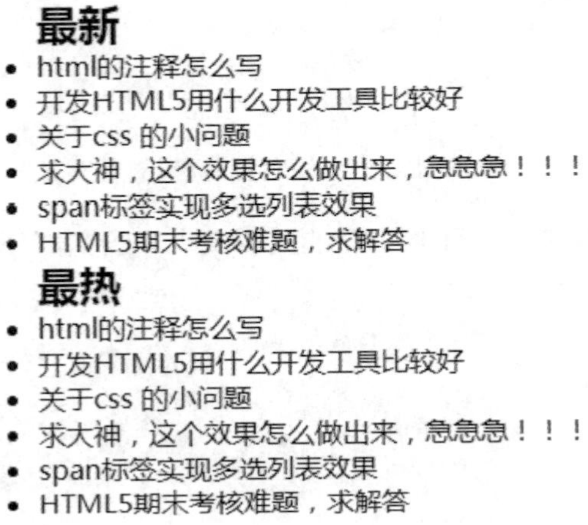

最新

- html的注释怎么写
- 开发HTML5用什么开发工具比较好
- 关于css 的小问题
- 求大神，这个效果怎么做出来，急急急！！！
- span标签实现多选列表效果
- HTML5期末考核难题，求解答

最热

- html的注释怎么写
- 开发HTML5用什么开发工具比较好
- 关于css 的小问题
- 求大神，这个效果怎么做出来，急急急！！！
- span标签实现多选列表效果
- HTML5期末考核难题，求解答

图 10.13　正文部分效果

2. 在 index.css 中设置帖子列表样式

（1）使用多列布局将列表内容分成 3 列，列间距为 50px，列分隔线为褐色 1px 的实线。

```
.page_right{
    flex: 4;
}
.post_list {
/*  设置多列布局列数为 3 列  */
columns: 3;
/*  列间距为 50px */
column.gap: 50px;
/*  列分隔线为褐色 1px 实线  */
    column.rule: 1px solid black;
    line.height: 30px;
    list.style: inside circle;
    margin: 10px 0 30px;
}
```

（2）正文部分效果如图 10.14 所示。

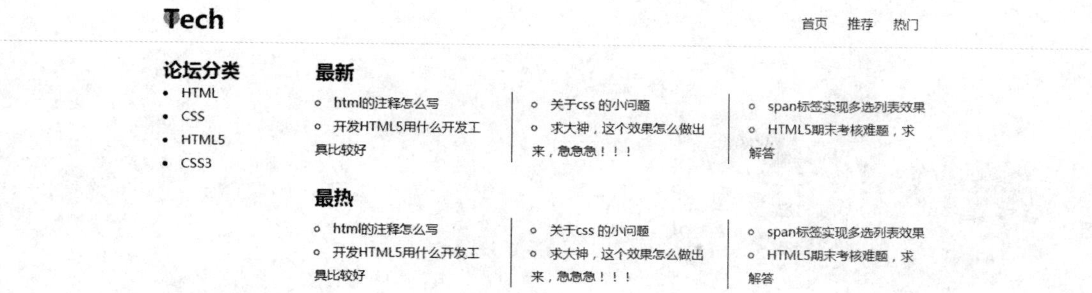

Tech

首页　推荐　热门

论坛分类

- HTML
- CSS
- HTML5
- CSS3

最新

- html的注释怎么写
- 开发HTML5用什么开发工具比较好
- 关于css 的小问题
- 求大神，这个效果怎么做出来，急急急！！！
- span标签实现多选列表效果
- HTML5期末考核难题，求解答

最热

- html的注释怎么写
- 开发HTML5用什么开发工具比较好
- 关于css 的小问题
- 求大神，这个效果怎么做出来，急急急！！！
- span标签实现多选列表效果
- HTML5期末考核难题，求解答

图 10.14　正文部分效果

第 11 章 移动端：电商列表页

11.1 技能和知识点

知识导图如图 11.1 所示。

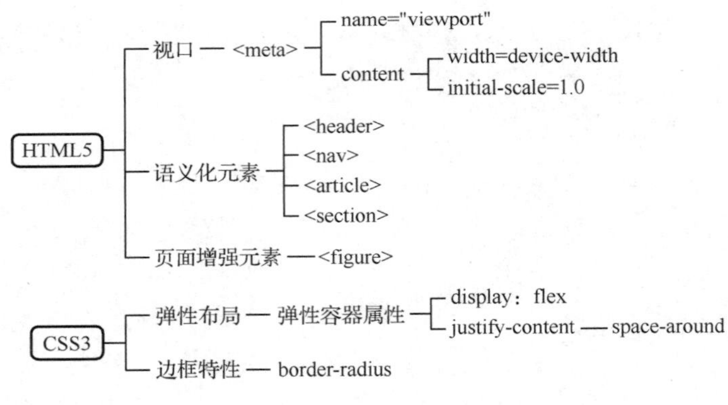

图 11.1 知识导图

11.2 需求简介

制作电商网站的商品列表页面，页面分为两个部分。

（1）页头：标题和导航。

（2）商品列表：每个列表项中包括商品图、商品名称、商品价格和交易数量。

页面效果如图 11.2 所示。

图 11.2 页面效果

11.3 设计思路

1. 项目设计

（1）项目名称：productList。

（2）项目文件结构如表 11.1 所示。

表 11.1 项目文件结构

类 型	文 件	说 明
html 文件	index.html	电商列表页
css 文件	index.css	电商列表页样式
png 文件	img/01.png	商品图片，大小为 125 像素×125 像素

2. 搭建页面结构

页面分为页头、商品列表两部分，使用 HTML5 语义化标签搭建页面，页面结构设计如图 11.3 所示。

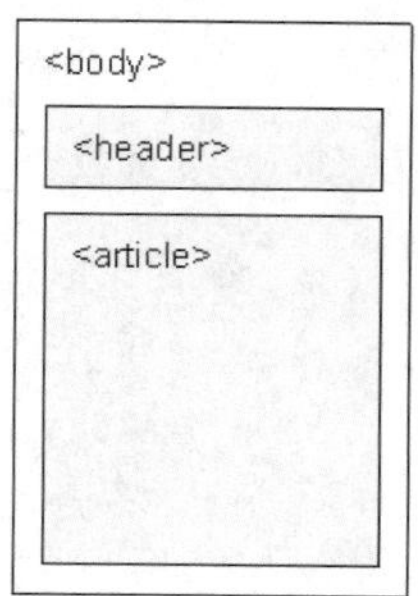

图 11.3 页面结构设计

3. 搭建页头

使用标题标签<h1>和 HTML5 语义化标签<nav>搭建页头，如图 11.4 所示。

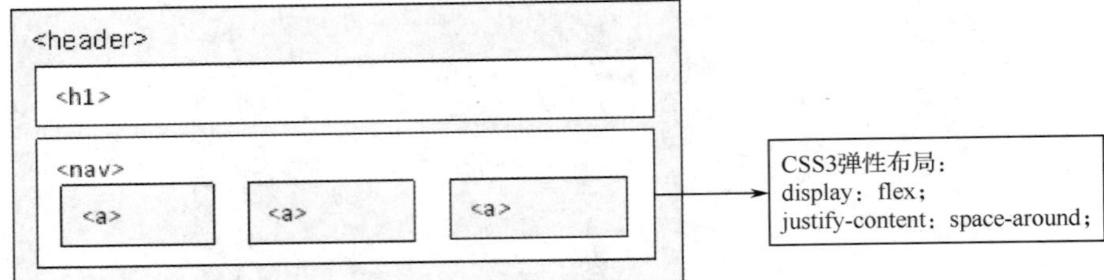

图 11.4　页头部分结构设计

4. 创建商品列表项

使用 HTML5 语义化标签和页面增强元素创建商品列表项，如图 11.5 所示。

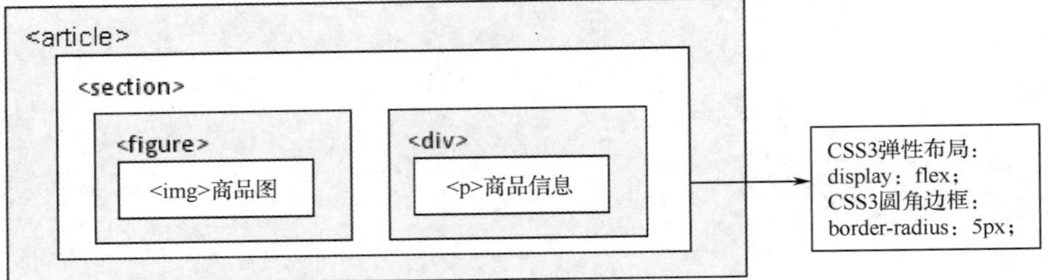

图 11.5　创建商品列表项

11.4　实现

11.4.1　搭建页面结构

（1）创建项目 productList。

（2）编写 index.html，使用 HTML5 语义化标签搭建页面主体结构。

```
<body>
    <header>
        <!--页头-->
    </header>
    <article>
        <!--正文-->
    </article>
</body>
```

11.4.2　设置视口

使用 viewport 属性适配移动端视口，设置页面初始缩放比为 1.0。

```
<head>
    <meta charset="UTF-8">
    <meta name="viewport" content="width=device-width, initial-scale=1.0">
    <title>productList</title>
</head>
```

11.4.3　制作页头

1. 编写页头内容

在<header>标签中编写页头内容，包括标题和导航栏。

```
<header>
    <h1>商品列表</h1>
    <nav>
        <a href="">综合</a>
        <a href="">销量</a>
        <a href="">价格</a>
    </nav>
</header>
```

2. 页头页面效果

页头页面效果如图 11.6 所示。

图 11.6　页头页面效果

3. 添加页头样式

（1）引入样式文件 index.css。

```
<link rel="stylesheet" href="./css/index.css">
```

（2）设置导航<nav>为弹性布局，且设置弹性子元素在横轴上平均分布。

```
nav{
/* 设置弹性布局 */
display: flex;
/* 设置弹性子元素在横轴上平均分布 */
    justify-content: space-around;
}
```

（3）页头部分效果如图 11.7 所示。

图 11.7　页头部分效果

（4）设置导航链接样式，去除下划线，设置宽度为100%且文本居中，字体颜色为黑色。

```
nav a{
    text-decoration: none;
    width: 100%;
    text-align: center;
    color: black;
}
```

（5）为第一个导航链接添加下边框。

```
nav a:nth-child(1){
    border-bottom: 1px solid #000;
}
```

（6）页头部分效果如图 11.8 所示。

图 11.8　页头部分效果

11.4.4　创建商品列表

1．创建正文的商品列表

在<article>标签中创建正文的商品列表，包含商品图和商品信息。

```
<article>
    <section>
        <figure>
            <img src="./img/01.png">
        </figure>
        <div>
```

```
                <p>手机</p>
                <p>￥2980</p>
                <p>199 人付款</p>
            </div>
        </section>
        <!--复制两份<section>-->
</article>
```

2. 商品列表页面效果

商品列表页面效果如图 11.9 所示。

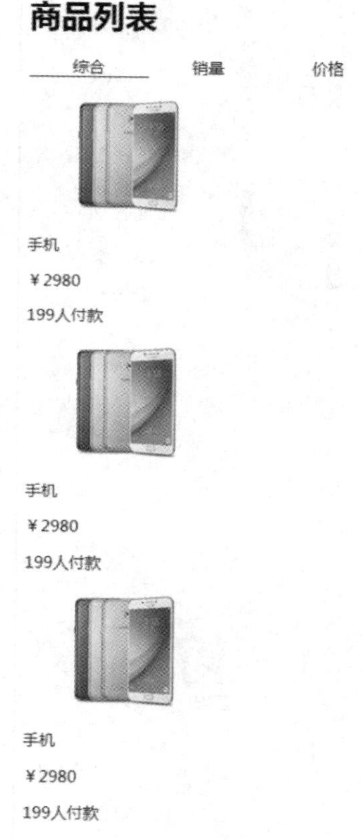

图 11.9　商品列表页面效果

3. 添加商品列表样式

（1）设置<section>为弹性布局，设置圆角边框半径为 5px。

```
section{
    display: flex;
border: 1px solid lightgray;
/* 设置圆角边框半径为 5px */
    border-radius: 5px;
    margin: 10px 5px;
}
```

（2）正文部分效果如图 11.10 所示。

图 11.10　正文部分效果

第12章 移动端：视频网站

12.1 技能和知识点

知识导图如图 12.1 所示。

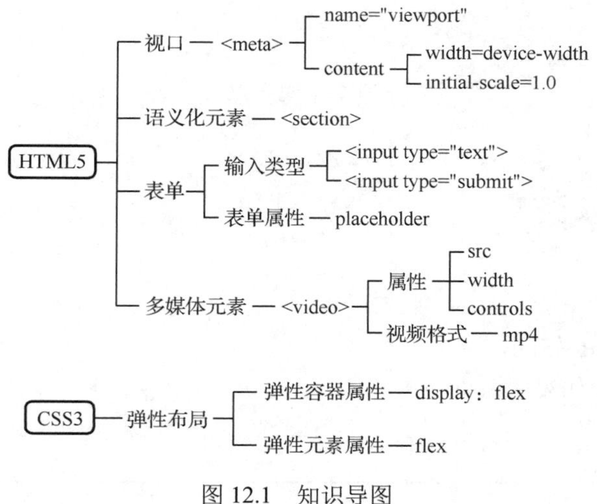

图 12.1　知识导图

12.2 需求简介

制作视频播放页面，页面主要包括以下几部分：

（1）视频播放区域；

（2）评论列表；

（3）发表评论表单。

页面效果如图 12.2 所示。

- 第1条评论
- 第2条评论
- 第3条评论

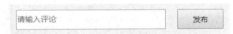

图 12.2　页面效果

12.3　设计思路

1. 项目设计

（1）项目名称：videoSite。

（2）项目文件结构如表 12.1 所示。

表 12.1　项目文件结构

类　型	文　件	说　明
html 文件	index.html	视频网站
css 文件	index.css	视频网站样式
mp4 文件	video/01.mp4	视频，格式为 mp4

2. 搭建页面结构

使用语义化标签搭建页面结构，<video>创建播放控件，<ul>创建评论列表，<form>创建发布评论表单，页面结构设计如图 12.3 所示。

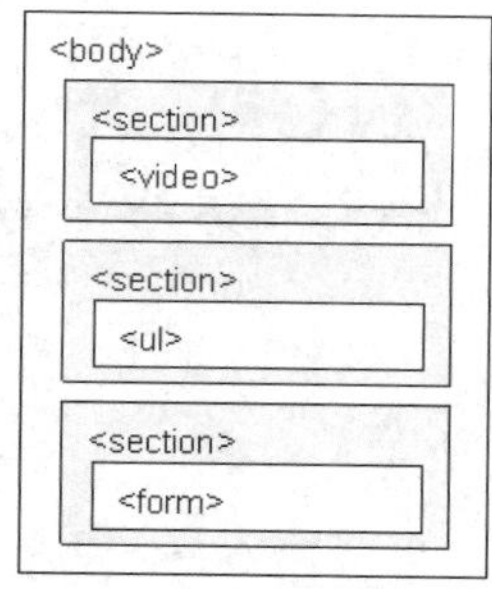

图 12.3　页面结构设计

12.4　实现

12.4.1　搭建页面结构

（1）创建项目 videoSite。

（2）编写 index.html，使用 HTML5 语义化标签搭建页面主体结构。

```
<body>
    <section>
        <!--视频-->
    </section>
    <section>
        <!--评论列表-->
    </section>
    <section>
        <!--发布评论表单-->
    </section>
</body>
```

12.4.2　设置视口

使用 viewport 属性适配移动端视口，设置页面初始缩放比为 1.0。

```
<head>
    <meta charset="UTF-8">
    <meta name="viewport" content="width=device-width, initial-scale=1.0">
    <title>videoSite</title>
</head>
```

12.4.3　创建视频播放控件

使用<video>元素嵌入视频，通过 width 属性设置视频宽度为 100%，设置 controls 属性显示播放控件。

```
<section>
        <video src="./video/01.mp4" width="100%" controls>
                当前浏览器不支持 video
        </video>
</section>
```

视频播放控件页面效果如图 12.4 所示。

图 12.4　视频播放控件页面效果

12.4.4　创建评论列表

（1）使用<ul>无序列表标签创建评论列表，分为“第 1 条评论”“第 2 条评论”和“第 3 条评论”。

```
<section>
        <ul>
                <li>第 1 条评论</li>
                <li>第 2 条评论</li>
                <li>第 3 条评论</li>
        </ul>
</section>
```

（2）评论列表效果如图 12.5 所示。

图 12.5　评论列表效果

12.4.5　创建发布评论表单

1. 创建发布评论表单

使用<form>元素创建发布评论表单，HTML5 表单属性 placeholder 设置提示信息。

```
<section>
    <form action="" method="GET">
        <input type="text" placeholder="请输入评论"></input>
        <input type="submit" value="发布">
    </form>
</section>
```

2. 发布评论表单效果

发布评论表单效果如图 12.6 所示。

图 12.6　发布评论表单效果

3. 添加发布评论表单样式

（1）编写 index.html，在<head>中引入样式文件 index.css。

```
<link rel="stylesheet" href="./css/index.css">
```

（2）设置<form>为弹性布局，固定定位在底部。

```
form{
    display: flex;
    width: 100%;
    background: whitesmoke;
    /* 使用固定定位固定在底部 */
position: fixed;
    bottom: 0;
    left: 0;
}
```

（3）使用固定定位布局如图 12.7 所示。

（4）设置<input>行高 30px，外边距 10px。

```
input{
    line-height: 30px;
```

```
    margin: 10px;
}
```

图 12.7　使用固定定位布局

（5）发布评论表单样式效果如图 12.8 所示。

图 12.8　发布评论表单样式效果

（6）使用 flex 属性分配弹性子元素占有的区域大小。输入框占 4 份，发布按钮占 1 份。

```
form input[type="text"]{
    flex: 4;
}
form input[type="submit"]{
    flex: 1;
}
```

（7）发布评论表单样式效果如图 12.9 所示。

图 12.9　发布评论表单样式效果

12.4.6　页面优化

1. 当前页面会产生的问题

（1）因为固定定位脱离文档流，所以当评论列表内容增多产生滚动条时，底部的内容会被发布评论表单遮挡。

```
<section>
    <ul>
        <li>第 1 条评论</li>
        <li>第 2 条评论</li>
        <li>第 3 条评论</li>
        ……
        <li>第 25 条评论</li>
    </ul>
</section>
```

（2）页面效果如图 12.10 所示。

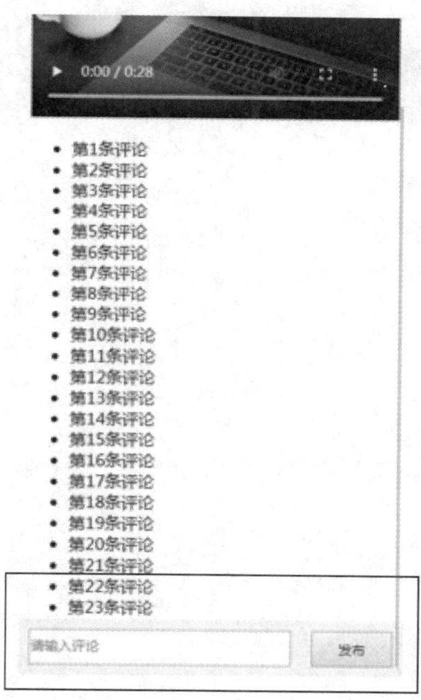

图 12.10　页面效果

2. 解决问题

（1）在评论列表添加大于发布评论表单高度的底部外边距。

```
ul{
    margin-bottom: 60px;
}
```

（2）页面优化后效果如图 12.11 所示。

图 12.11　页面优化后的效果

第 13 章

JavaScript 基础语法：日期计算器

13.1 技能和知识点

知识导图如图 13.1 所示。

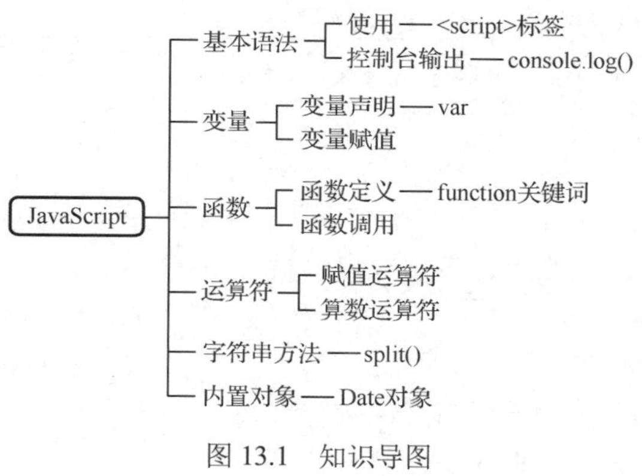

图 13.1　知识导图

13.2 需求简介

（1）通过使用 JavaScript 设计一个日期计算器。

（2）页面有一个日期选择框，选择日期后单击“计算”按钮，在下方显示该年的 1 月 1 日到当天经过的天数。

（3）功能效果图如图 13.2 所示。

127.0.0.1:8020/dateCal/index.html

请选择日期：2020/06/03 计算

2020-01-01到2020-06-03经过了154天

图 13.2　功能效果图

13.3　设计思路

1. 项目设计

（1）项目名称：dateCal。

（2）项目文件结构如表 13.1 所示。

表 13.1　项目文件结构

类　　型	文　　件	说　　明
html 文件	index.html	日期计算器页面

2. 页面结构

页面结构设计如图 13.3 所示。

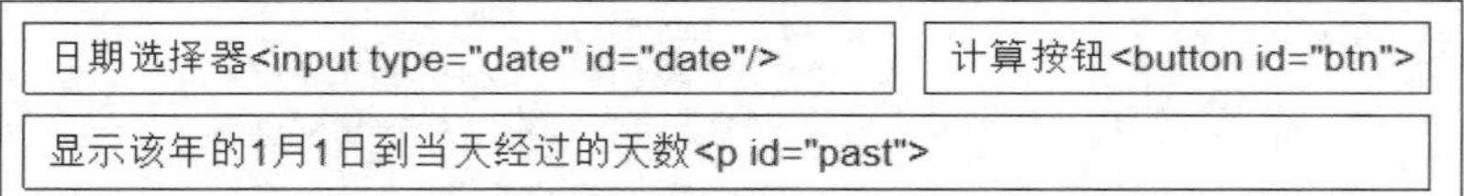

图 13.3　页面结构设计

3. 绑定单击事件

为“计算”按钮绑定单击事件，调用计算函数 Counter。

4. 计算函数 Counter

（1）获取日期选择器的值。

（2）将值切割为“年，月，日”形式的数组。

（3）获取该年 1 月 1 日的日期对象 jan1。

（4）获取该天的日期对象 now。

（5）计算相差天数 days，显示结果。

13.4　实现

13.4.1　编写页面

（1）创建项目 dateCal。

（2）编写日期计算器页面文件 index.html，创建一个日期输入框、一个计算按钮和一个计算结果显示元素。给按钮绑定单击事件，单击时调用方法 Counter()。

```
<!DOCTYPE html>
<html>
    <head>
        <meta charset="utf-8" />
        <title>日期计算器</title>
    </head>
    <body>
        请选择日期：<input type="date" id="date"/>
        <button id="btn" onclick="Counter()">计算</button>
        <p id="past"></p>
    </body>
</html>
```

（3）页面效果如图 13.4 所示。

图 13.4　页面效果

13.4.2　获取日期值

（1）在</body>之前添加<script>标签，在<script>标签中定义方法 Counter()。

```
<script>
    function Counter(){
    }
</script>
```

（2）使用 getElementById()函数通过元素的 ID 属性获取日期输入框的值并打印输出。在日期输入框中选择日期，然后单击“计算”按钮。查看浏览器开发者工具中 Console 界面的打印输出。

```
function Counter(){
    var date = document.getElementById("date").value;
    console.log(date);
}
```

获取的日期值效果如图 13.5 所示。

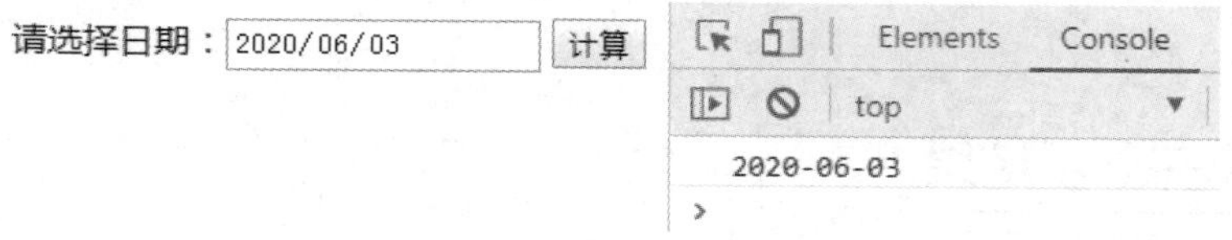

图 13.5　获取的日期值效果

（3）使用 split 方法将日期值切割为字符串数组。单击“计算”按钮查看 Console 界面输出。

```
function Counter(){
    ……
//使用 split 函数按照参数切割字符串为数组
    var arr = date.split("-");
    console.log(arr);
}
```

（4）切割的日期值效果如图 13.6 所示。

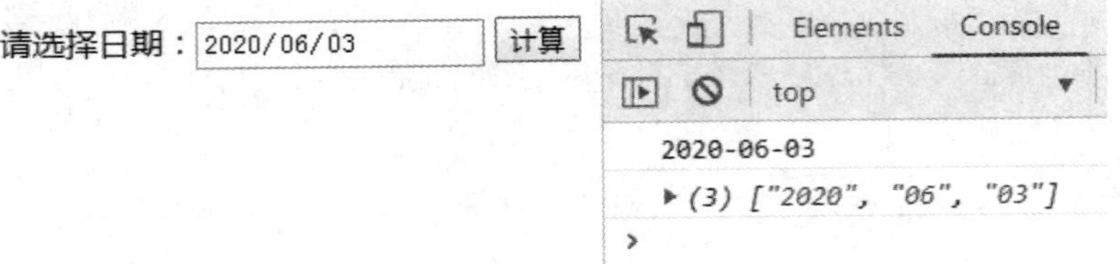

图 13.6 切割的日期值效果

13.4.3 创建日期对象

（1）使用 Date 对象分别创建该年 1 月 1 日和该天的日期对象并打印输出对象内容。

```
function Counter(){
    ……
//创建该年 1 月 1 日的日期对象
    var jan1 = new Date(arr[0],0,1);
    console.log(jan1);
//创建该天的日期对象
    var now = new Date(arr[0],arr[1]-1,arr[2]);
    console.log(now);
}
```

（2）单击“计算”按钮后，页面效果如图 13.7 所示。

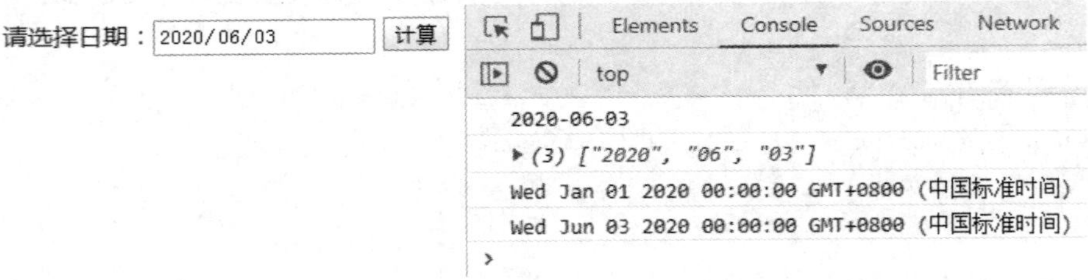

图 13.7 页面效果

13.4.4 计算并显示结果

（1）将两个时间对象相减，获得该天日期距离该年的 1 月 1 日有多少毫秒。将毫秒转换为天数，并使用 innerText 属性将结果显示在 ID 为 past 的<p>标签中。

```
function Counter(){
    ……
    var days = (now - jan1) / 3600000 / 24;
    document.getElementById("past").innerText = arr[0]+".01.01 到"+date+"经过了"+days+"天";
}
```

（2）单击“计算”按钮后，运行结果如图 13.8 所示。

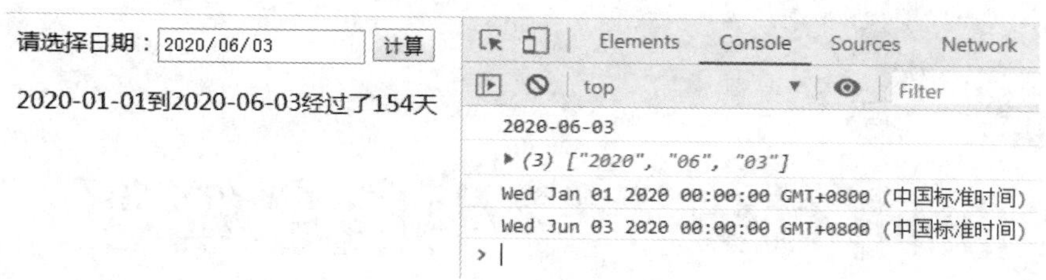

图 13.8　运行结果

第 14 章 面向对象：学生信息管理

14.1 技能和知识点

知识导图如图 14.1 所示。

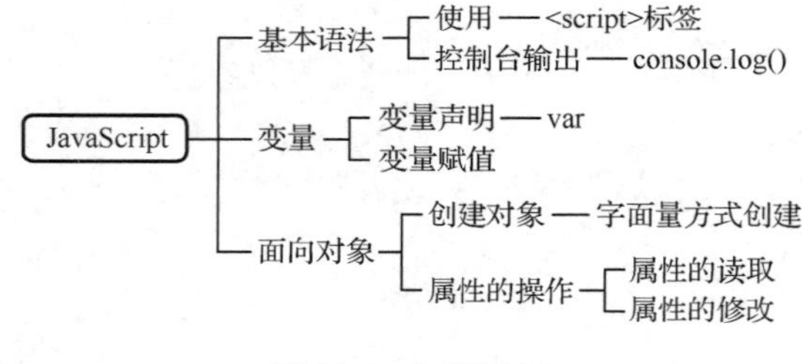

图 14.1 知识导图

14.2 需求简介

（1）定义一个学生信息构造方法，通过原型链的方式给该构造方法定义一个初始化学生信息的方法，需要传入学生的姓名、年龄及班级。

（2）实例化该构造函数并传入初始化数据。修改其中的学生班级属性并将实例化的对象在控制台打印输出。

（3）功能效果如图 14.2 所示。

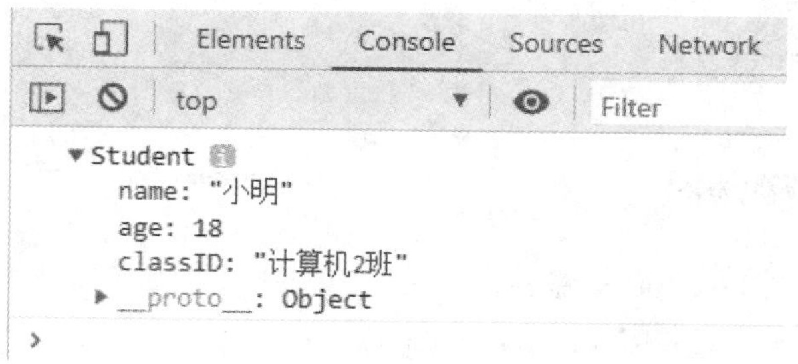

图 14.2　功能效果图

14.3　设计思路

（1）项目名称：stuManage。

（2）项目文件结构如表 14.1 所示。

表 14.1　项目文件结构

类　型	文　件	说　明
html 文件	student.html	学生信息管理页面

（3）定义一个学生信息构造方法 Student()。

（4）使用 prototype 给构造方法 Student 定义一个方法 init（参数 name、age、classID），用来初始化学生信息。

（5）实例化 Student 并传入初始化数据。

（6）修改实例对象的 classID。

（7）在控制台打印输出实例化对象。

14.4　实现

14.4.1　创建文件

（1）创建项目 stuManage。

（2）创建学生信息管理页面文件 student.html，设置页面标题标签<title>。

```
<!DOCTYPE html>
<html>
    <head>
        <meta charset="utf-8">
        <title>学生信息管理</title>
    </head>
    <body>
```

```
    </body>
</html>
```

14.4.2 创建构造函数

（1）在<body>中添加<script>标签。

（2）在<script>标签中定义构造函数 Student()。

```
<body>
    <script>
        function Student(){};
    </script>
</body>
```

14.4.3 添加原型方法

使用原型 prototype 属性给构造方法 Student 定义一个原型方法 init()，用来初始化学生信息，包含三个参数 name、age 和 classID。在 init()方法内部使用 this 关键词访问构造方法设置其自身属性。

```
<script>
    function Student(){};
    Student.prototype.init = function(name,age,classID){
        this.name = name;
        this.age = age;
        this.classID = classID;
    };
</script>
```

14.4.4 实例化对象

（1）使用 new 关键字实例化构造方法 Student，得到对象 student。

```
<script>
    function Student(){};
    Student.prototype.init = function(name,age,classID){
        //省略代码
    };
    var student = new Student();
</script>
```

（2）调用原型方法 init()，传入初始值。

```
<script>
    function Student(){};
    Student.prototype.init = function(name,age,classID){
        //省略代码
    };
```

```
        var student = new Student();
        student.init("小明",18,"软件工程 1 班");
</script>
```

（3）修改 student 对象的 classID 属性值，并使用 console.log()方法在控制台进行打印。

```
<script>
        function Student(){};
        Student.prototype.init = function(name,age,classID){
                //省略代码
        };
        var student = new Student();
        student.init("小明",18,"软件工程 1 班");
        student.classID = "计算机 2 班";
        console.log(student);
</script>
```

（4）运行后页面效果如图 14.3 所示。

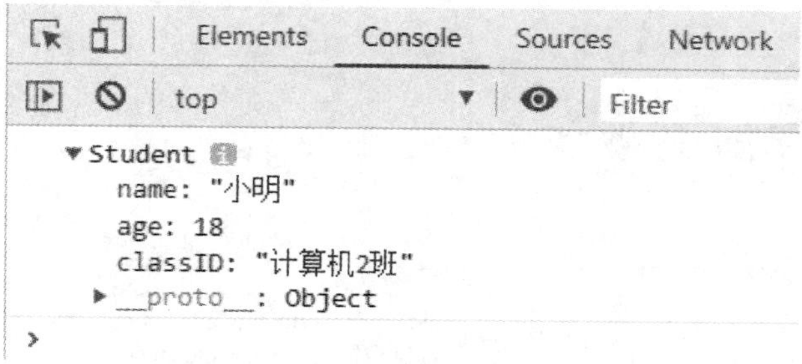

图 14.3　运行后页面效果

第15章 DOM 操作：学生信息列表

15.1 技能和知识点

知识导图如图 15.1 所示。

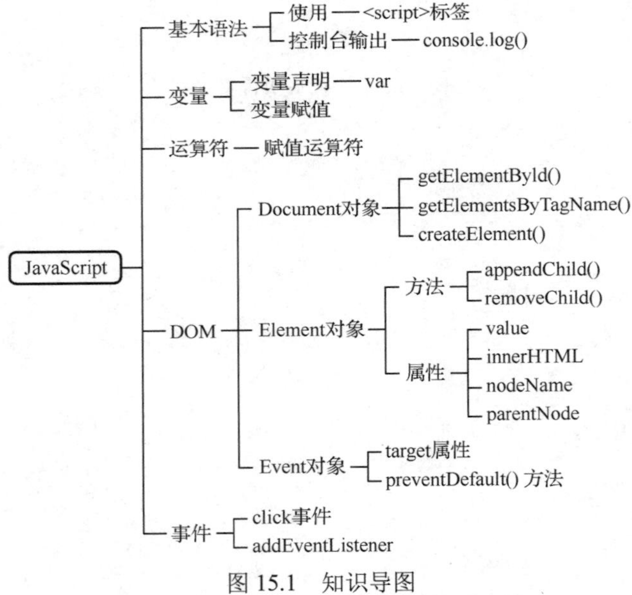

图 15.1 知识导图

15.2 需求简介

将数组中的学生信息以表格的形式显示到页面。

（1）定义一个二维数组存放学生信息，包括姓名、年龄和班级，遍历数组生成表格。

（2）表单填写信息后，单击“新增”按钮，表格新增一行学生信息。

（3）单击“删除”按钮，删除该行数据。

功能需求如图 15.2 所示。

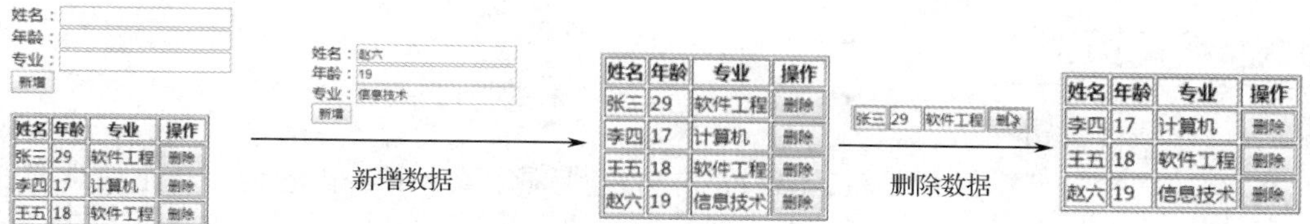

图 15.2　功能需求详图

15.3　设计思路

（1）项目名称：stuInfo。

（2）项目文件结构如表 15.1 所示。

表 15.1　项目文件结构

类　　型	文　　件	说　　明
html 文件	index.html	学生信息列表页面

（3）页面结构设计如图 15.3 所示。

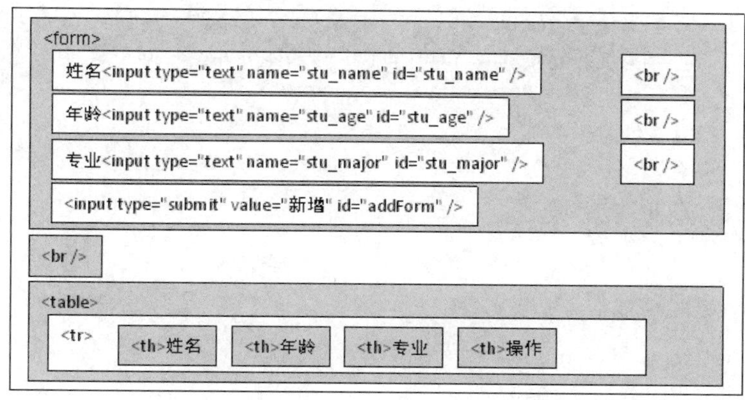

图 15.3　页面结构设计

（4）定义二维数组 student，存放初始学生信息，内容包括姓名、年龄和专业。

（5）遍历 student，调用新增行方法 addRow(array)，参数 array 为学生信息，生成表格。

（6）创建新增行方法，遍历学生信息数组，生成<td>添加到<tr>，再单独创建一个单元格放置“删除”按钮，最后将该行添加到<table>。

（7）“新增”按钮绑定单击事件，获取表单数据，调用 addRow 方法，添加一行数据。

（8）“删除”按钮绑定单击事件，从<table>中删除该行。

15.4 实现

15.4.1 编写页面

（1）创建项目 stuInfo。

（2）编写简易计算器页面文件 index.html，设置标题标签<title>内容为“学生信息列表”。

```
<!DOCTYPE html>
<html>
	<head>
		<meta charset="utf-8">
		<title>学生信息列表</title>
	</head>
	<body>

	</body>
</html>
```

（3）编写新增学生信息表单，表单控件为“姓名”“年龄”“专业”三个输入框及一个“新增”按钮。给每一个表单控件添加 ID 属性，以便后续用 JavaScript 代码进行操作。

```
<body>
	<form>
		姓名：<input type="text" name="stu_name" id="stu_name"   /><br />
		年龄：<input type="number" name="stu_age" id="stu_age"   /><br />
		专业：<input type="text" name="stu_major" id="stu_major"/><br />
		<input type="submit" value="新增" id="addForm"/>
	</form>
</body>
```

（4）页面效果如图 15.4 所示。

图 15.4　页面效果

（5）编写放置学生信息的表格，表格设置边框属性 botder 为 1。表格主要有四列：姓名、年龄、专业、操作。

```
<body>
	……
	<br />
	<table border="1">
```

```
            <tr>
                  <th>姓名</th>
                  <th>年龄</th>
                  <th>专业</th>
                  <th>操作</th>
            </tr>
      </table>
</body>
```

页面效果如图 15.5 所示。

姓名：
年龄：
专业：
新增

姓名	年龄	专业	操作

图 15.5　页面效果

15.4.2　生成学生信息表格

1. 定义学生信息二维数组

在</body>之前添加<script>标签，在<script>标签中定义学生信息二维数组 student。数组内容为多个学生信息，每条学生信息包含学生姓名、年龄及专业。

```
<body>
      ……
      <script>
            var student = [
                  ["张三", 29, "软件工程"],
                  ["李四", 17, "计算机"],
                  ["王五", 18, "软件工程"]
            ]
      </script>
</body>
```

2. 生成表格

使用 for 循环遍历学生信息数组，调用 addRow 方法生成表格。

```
<script>
      ……
      var table = document.getElementsByTagName("table")[0];
      for(var i = 0; i < student.length; i++) {
            addRow(student[i]);
      }
</script>
```

3. 创建新增行方法 addRow

（1）创建一个表格行元素 tr。

（2）使用 for 循环遍历学生信息，创建单元格元素 td 并将学生信息保存至单元格的 innerText 属性中。最后将每个单元格使用 appendChild()函数插入行元素末尾。

（3）新建一个单元格，用来放置“删除”按钮，并将其插入行元素末尾。

（4）将该行元素插入表格末尾。

```
<script>
    ……
    function addRow(array){
        var tr = document.createElement("tr");
        //遍历学生信息
        for(var i = 0; i < array.length; i++) {
            var td = document.createElement("td");
            td.innerText = array[i];
            tr.appendChild(td);
        }
        //新创建一个单元格，放置删除按钮
        var td = document.createElement("td");
        td.innerHTML = "<button>删除</button>";
        tr.appendChild(td);
        table.appendChild(tr);
    }
</script>
```

（5）页面效果如图 15.6 所示。

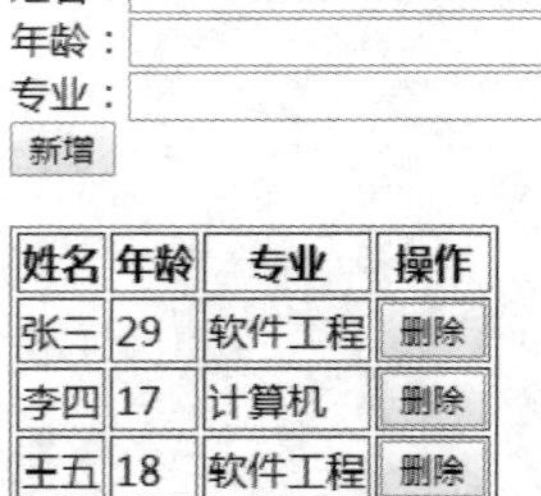

图 15.6　页面效果

15.4.3　新增学生信息

（1）通过 ID 属性给“新增”按钮绑定单击事件 onclick，并传入 event 对象。

```
<script>
    ……
    document.getElementById("addForm").onclick = function(e){
    }
</script>
```

（2）通过 ID 属性获取表单控件元素："姓名""年龄"和"专业"。

```
document.getElementById("addForm").onclick = function(e){
    var name = document.getElementById("stu_name");
    var age = document.getElementById("stu_age");
    var major = document.getElementById("stu_major");
}
```

（3）调用新增行方法，将表单值作为数组进行参数传递。调用事件对象的 preventDefault() 方法阻止表单默认提交事件。

```
document.getElementById("addForm").onclick = function(e){
    ……
    addRow([name.value,age.value,major.value]);
    e.preventDefault();
}
```

（4）填写表单内容，并单击"新增"按钮。新增页面效果如图 15.7 所示。

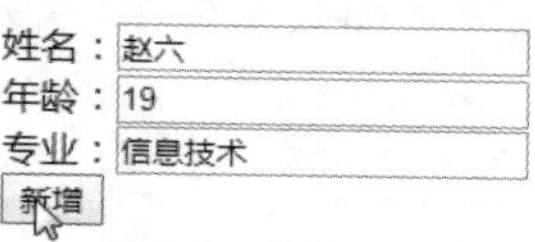

姓名	年龄	专业	操作
张三	29	软件工程	删除
李四	17	计算机	删除
王五	18	软件工程	删除
赵六	19	信息技术	删除

图 15.7　新增页面效果

（5）在"新增"按钮的单击事件方法中清空表单输入框的值，以便于下一次输入。

```
document.getElementById("addForm").onclick = function(e){
    ……
    name.value = "";
    age.value = "";
    major.value = "";
}
```

清空 input 框效果如图 15.8 所示。

姓名：
年龄：
专业：
新增

姓名	年龄	专业	操作
张三	29	软件工程	删除
李四	17	计算机	删除
王五	18	软件工程	删除
赵六	19	信息技术	删除

图 15.8　清空 input 框效果

15.4.4 删除学生信息

（1）使用事件委托将单击事件绑定在表格 table 上，传入 event 对象，获取事件触发元素标签并判断是否为“BUTTON”，如果是，则单击“删除”按钮，删除该按钮所在的<tr>行。

```
</script>
    ……
    table.addEventListener("click",function(e){
        console.log(e.target.nodeName);
        console.log(e.target.parentNode.parentNode);
        if(e.target.nodeName == "BUTTON"){
            table.removeChild(e.target.parentNode.parentNode)
        }
    })
</script>
```

（2）单击对应行的“删除”按钮，页面效果如图 15.9 所示。

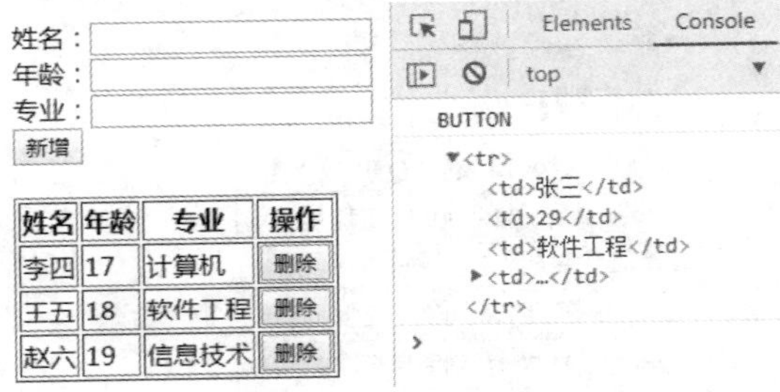

图 15.9 单击“删除”按钮页面效果

第16章 jQuery：目录页面生成

16.1 技能和知识点

知识导图如 16.1 所示。

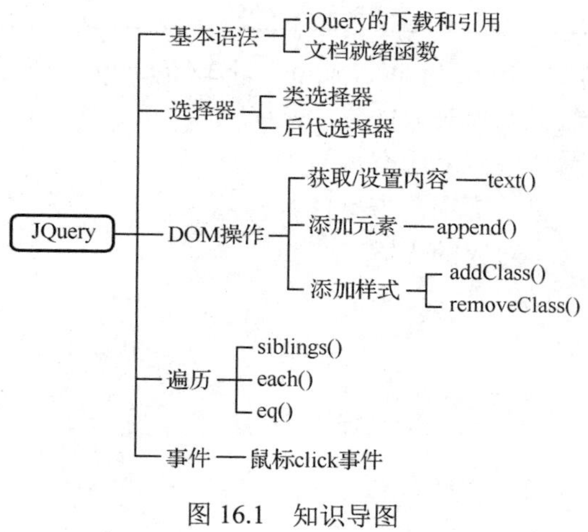

图 16.1　知识导图

16.2 需求简介

目录页面左侧为目录列表，右侧为对应章节的内容。单击页面目录列表即可切换至右侧章节显示的内容。

功能需求如图 16.2 所示。

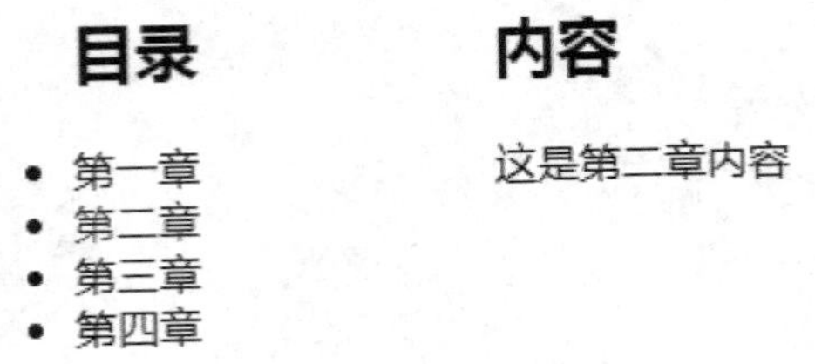

目录　　内容

- 第一章
- 第二章
- 第三章
- 第四章

这是第二章内容

图 16.2　功能需求详图

16.3　设计思路

（1）项目名称：catalog。

（2）项目文件结构如表 16.1 所示。

表 16.1　项目文件结构

类　型	文　件	说　明
html 文件	catalog.html	目录生成器页面
js 文件	js/catalog.js	目录生成器 js 文件
	js/jquery.min.js	jQuery 文件

（3）在 jQuery 官方网站（https://jquery.com/）下载 jQuery 的资源包（jquery.min.js 文件）。

（4）定义二维数组存放目录和对应内容。

（5）遍历数组，将目录和内容显示在页面中。

（6）遍历目录列表，给目录绑定单击事件。

（7）单击目录，右侧显示对应的内容。

16.4　实现

16.4.1　引入 jQeury

（1）创建项目 catalog。

（2）编写目录生成器页面文件 catalog.html。

（3）下载 jQuery 资源包 jquery.min.js 文件，将相应文件放入项目的 js 文件夹中。

（4）引入 jQuery 的 jquery.min.js 文件。

```
<head>
```

16.4.2 搭建页面

1. 创建目录及内容展示区域

创建一个 ul 无序列表作为目录，创建一个 div 作为章节内容展示区域。

```
<body>
    <ul class="left">
        <h2>目录</h2>
    </ul>
    <div class="right">
        <h2>内容</h2>
    </div>
</body>
```

2. 页面效果

页面效果如图 16.3 所示。

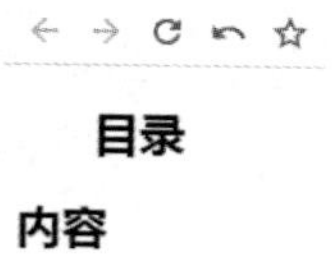

目录

内容

图 16.3 页面效果

3. 为目录生成器页面添加样式

（1）在 catalog.html 的 head 标签中编写 CSS 样式，设置页面布局。

```
<style type="text/css">
div {
    position: relative;
}
.left {
    position: absolute;
    margin: 0;
    left: 0;
}
.right {
    position: absolute;
    left: 200px;
}
.menu {color: red;}
.info {display: none;}
</style>
```

（2）页面效果如图 16.4 所示。

127.0.0.1:8020

目录 内容

图 16.4 页面效果

16.4.3　定义数组

（1）在 catalog.html 文件中，引入 js/jquery.min.js 和 js/catalog.js 文件。

（2）在 catalog.js 文件中，编写文档就绪函数$(document).ready()。

```
$(document).ready(function() {
        ......
})
```

（3）定义二维数组 book，每个子元素都包含章节名称及章节内容。

```
$(document).ready(function() {
        var book = [
                ["第一章", "这是第一章内容"],
                ["第二章", "这是第二章内容"],
                ["第三章", "这是第三章内容"],
                ["第四章", "这是第四章内容"]
        ];
})
```

16.4.4　显示目录内容

1. 使用 for…in 循环遍历数组

```
$(document).ready(function() {
        //定义数组（省略代码）
        for(var i in book) {
        }
})
```

2. 显示目录内容

（1）使用 jQuery 创建一个 li 元素并设置其内容。使用 append()方法将该列表项元素插入 ul 无序列表末尾。

```
for(var i in book) {
//左侧显示目录
        var menu = $("<li>").text(book[i][0]);
        $(".left").append(menu);
}
```

使用 jQuery 创建 ul 列表效果如图 16.5 所示。

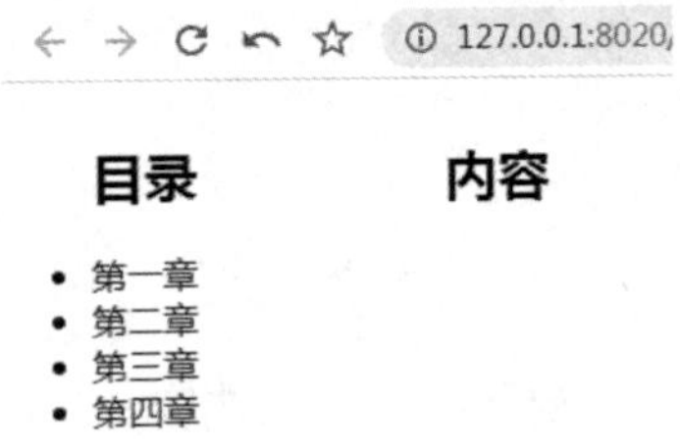

图 16.5　使用 jQuery 创建 ul 列表效果

（2）使用 jQuery 创建一个 p 元素并设置其内容。使用 append()方法将该列表项元素插入右侧内容末尾。

```
for(var i in book) {
        //左侧显示目录（省略代码）
        //右侧显示内容
        var info = $("<p>").text(book[i][1]);
        $(".right").append(info);
}
```

页面效果如图 16.6 所示。

目录　　内容

- 第一章
- 第二章
- 第三章
- 第四章

这是第一章内容

这是第二章内容

这是第三章内容

这是第四章内容

图 16.6　页面效果

（3）默认选中目录第一章，只显示第一章内容，其他章内容隐藏。当循环变量 i 为 0 时，对应章节使用 addClass()函数添加选中样式“menu”。当循环变量 i 为其他值时，对应内容使用隐藏样式“info”。

```
for(var i in book) {
        //右侧显示内容（省略代码）
        if(i == 0) {
                menu.addClass("menu");
        } else {
                info.addClass("info");
        }
}
```

页面效果如图 16.7 所示。

图 16.7　页面效果

16.4.5　单击目录显示内容

1. 绑定单击事件

使用 each()方法遍历目录列表，给每一项绑定单击事件。其中$(this)指向当前循环元素。

```
$(document).ready(function() {
    //定义数组（省略代码）
    //遍历数组（省略代码）
    $(".left li").each(function(index) {
        $(this).click(function() {
        });
    })
})
```

2. 单击目录显示对应内容

（1）单击当前目录添加 menu 样式类，使用 siblings()方法遍历兄弟节点并使用 removeClass()方法移除 menu 样式类。

```
$(".left li").each(function(index) {
    $(this).click(function() {
        $(this).addClass("menu").siblings().removeClass("menu");
    });
})
```

单击其他章节后，页面效果如图 16.8 所示。

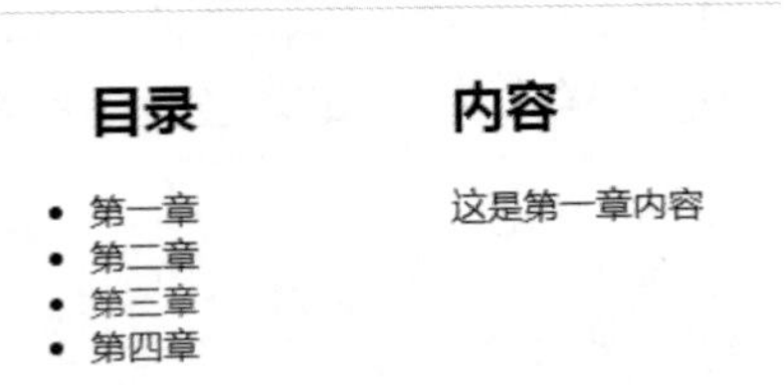

目录

- 第一章
- 第二章
- 第三章
- 第四章

内容

这是第一章内容

图 16.8　页面效果

（2）单击目录，使用 eq()方法找到对应序号的内容并移除 info 样式类使其显示。其他的兄弟 p 元素加上 info 样式类隐藏。

```
$(".left li").each(function(index) {
    $(this).click(function() {
        $(this).addClass("menu").siblings().removeClass("menu");
        $(".right p").eq(index).removeClass("info").siblings ("p").addClass("info");
    });
})
```

（3）运行页面效果如图 16.9 所示。

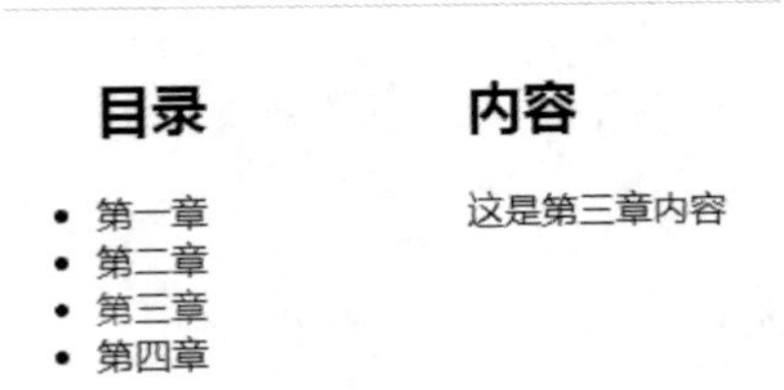

目录

- 第一章
- 第二章
- 第三章
- 第四章

内容

这是第三章内容

图 16.9　运行页面效果

第17章

案例：在线视频课程网

17.1 需求和设计

17.1.1 项目背景

1. 业务背景

本系统是“在线视频课程网”，聚焦于课程视频、技术视频，参考市面上主流的视频学习类网站。用户包括平台管理员和学员，系统主要功能包括首页、用户注册和登录、课程、后台登录和后台课程管理等。

2. 技术背景

学习 HTML、CSS、HTML5、CSS3、JavaScript、jQuery、移动端页面开发等技术，提高网页编程实践能力，开发企业级项目。

“在线视频课程网”是一个 Web 项目，核心技术有 HTML、CSS、HTML5、CSS3、JavaScript、jQuery 等。项目采用企业开发流程进行开发。

17.1.2 项目目标

通过开发“在线视频课程网”项目，实现如下目标。

（1）了解项目业务背景，调研视频网站基本功能，分析并确定本项目工作范围。

（2）熟悉软件开发技术和标准软件项目的开发过程。

（3）掌握静态 Web 开发环境。

（4）掌握 HTML5 搭建静态网页。

（5）掌握 Web 网页设计，熟练使用 CSS3 对网页进行美化。

（6）掌握 JavaScript 开发动态效果页面。

（7）掌握 jQuery 开发动态效果页面。

（8）了解系统需求分析和设计，理解软件结构，理解软件开发模型（迭代开发）。

（9）养成良好的编码习惯，综合应用 HTML、CSS、HTML5、CSS3、JavaScript、jQuery 等 Web 静态网站开发知识和技能，开发“在线视频课程网”项目。

17.1.3　项目功能

系统功能结构图如图 17.1 所示。

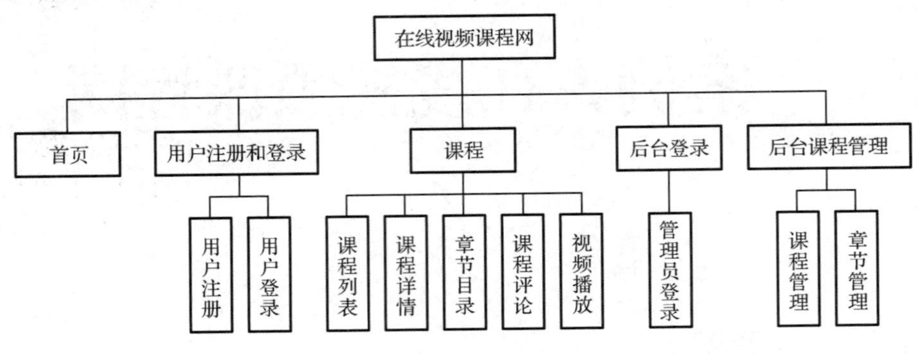

图 17.1　系统功能结构图

系统主要包括首页、用户注册、用户登录、课程详情、视频播放、后台课程管理、移动端首页、移动端用户登录等模块，各模块的详细功能如下。

1. 首页

（1）页头：实现导航栏功能［如 LOGO、信息导航栏（如“首页”“发现”“我的课程”）和“登录”按钮］。

（2）正文：展示最新的课程列表，课程列表里的每门课程都需展示课程封面图、名称、点击量，单击课程后，跳转至课程详情页面。

（3）页脚：展示网站相关信息（如服务条款、隐私策略、广告服务、客服中心、Copyright@×××.返回顶部）。

2. 用户注册

用户在登录页面单击注册链接，跳转至用户注册页面，输入注册相关信息，注册成功则跳转至登录页面，注册失败则在注册框显示失败信息。

3. 用户登录

用户访问首页，单击登录按钮，跳转至用户登录页，输入登录相关信息。登录成功则跳转至首页，首页“登录”按钮更新为登录的用户信息，登录失败则在登录框显示失败信息。登录页面可向注册页面进行跳转。

4. 课程详情

课程详情分为三部分，分别为页头、正文和页脚。其中，正文分为两部分，分别为课程介绍和章节目录。

（1）课程介绍：需展示课程的封面图、名称、分类、授课老师、课时及“开始学习”按钮，其中，名称、分类、授课老师、课时、“开始学习”按钮分三行展示。

（2）章节目录分为三部分，分别为课程详情、课程目录和大家评价。

① 课程详情：介绍课程的文本内容。

② 课程目录：展示当前课程的章节列表，单击“节”后跳转至对应的视频播放页面。

③ 大家评价：对课程的评价内容。

5. 视频播放

视频播放页面分为视频播放和章节列表两部分。

（1）视频播放：播放当前节的视频。

（2）章节列表：展示当前课程的所有章节信息，单击节后切换对应的视频进行播放。

6. 后台课程管理

后台课程管理分为两部分。

（1）左侧导航栏为“课程管理”，包括列表展示、新增、编辑和删除四部分功能。

（2）列表：列表中的每门课程都需展示对应的课程封面图、名称、发布者及发布时间。

7. 移动端首页

首页分为页头、主体、底部三部分。页头包括 LOGO 和搜索栏及用户登录按钮。主体展示不同科目的最新课程列表，每门课程展示课程封面图、名称、点击量，单击课程后，跳转到课程详情页面。底部包含 3 个按钮，单击后分别跳转至对应页面。

8. 移动端用户登录

用户访问首页，单击“登录”按钮，跳转至用户登录页面；输入登录相关信息，登录成功则跳转至首页，用户信息栏更新信息；登录失败则在登录框显示失败信息。登录框需实现注册跳转功能。

17.1.4 开发环境

工具版本如表 17.1 所示。

表 17.1 工具版本

类　型	工具和环境
开发工具	HBuilder 1.9.9
浏览器	Google Chrome 75.0.3770.100

17.1.5 程序结构设计

1. PC 端项目程序结构设计

（1）PC 端项目目录设计。

创建“在线视频课程网”PC 端项目工程，工程名称为“VideoCourse”。搭建工程目录，工程目录如表 17.2 所示。

表 17.2 PC 端项目工程目录

文 件 夹	说　明
css	存放 css 文件
img	存放页面静态图片

续表

文　件　夹	说　　明
js	存放 JavaScript 文件
video	存放视频文件
admin	存放后台页面

（2）PC 端页面文件设计。

“在线视频课程网”PC 端项目包括的静态页面和对应文件如表 17.3 所示。

表 17.3　PC 端项目静态页面和对应文件

页面/文件	说　　明
index.html	主页
login.html	登录页面
register.html	注册页面
course_detail.html	课程详情页面
vodioPlay.html	视频播放页面
admin/courseManage.html	课程管理页面
css/common.css	公共样式文件
css/index.css	主页样式文件
css/form.css	登录和注册页面样式文件
css/course_detail.css	课程详情页面样式文件
css/video_play.css	视频播放页面样式文件
css/admin/common.css	后台管理页面公共样式文件
css/admin/index.css	后台管理首页样式文件
css/admin/manage.css	课程管理页面样式文件
chapter.js	章节目录交互效果
videoPlay.js	视频播放交互效果
courseIndex.js	课程管理交互效果
img/logo.png	页面 logo 图片（48 像素×48 像素）
img/Search.png	“搜索”按钮图片（32 像素×32 像素）
img/video/video_bg.png	播放视频页面背景图片（50 像素×20 像素）
img/video/tit_bg.png	播放视频页面标题图片（20 像素×109 像素）
img/course/1.png	课程封面图片（500 像素×300 像素）

2. 移动端项目程序结构设计

（1）移动端项目目录设计。

创建“在线视频课程网”移动端项目工程，工程名称为“VideoCourseApp”。搭建工程目录，如表 17.4 所示。

表 17.4 移动端项目工程目录

文 件 夹	说 明
css	存放 css 文件
img	存放页面静态图片
js	存放 JavaScript 文件
video	存放视频文件

（2）移动端页面文件设计。

“在线视频课程网”移动端项目包括的静态页面和对应文件如表 17.5 所示。

表 17.5 移动端静态页面文件

页面/文件	说 明
index.html	移动端首页
login.html	移动端登录页面
css/common.css	公共样式文件
css/index.css	主页样式文件
css/form.css	登录和注册页面样式文件
img/logo.png	页面 LOGO 图片（48 像素×48 像素）
img/Search.png	搜索按钮图片（32 像素×32 像素）
img/course/1.png	课程封面图片（500 像素×300 像素）

17.2 界面设计

17.2.1 页面类型

1．根据需求，“在线视频课程网”的页面类型（按页面风格分类）如表 17.6 所示。

表 17.6 页面类型

表 单 页 面	展 示 页 面	管 理 页 面	移动端页面
用户登录页面 用户注册页面	首页 课程详情页面 视频播放页面	课程管理页面	移动端首页

2．选取其中四个页面作为示例，完成设计和制作。

（1）表单页面：用户登录页面。

（2）展示页面：首页。

（3）管理页面：课程列表页面。

（4）移动端页面：移动端首页。

17.2.2 页面整体布局

（1）展示、管理页面从上到下分为页头、正文和页脚三部分，如图 17.2 所示。

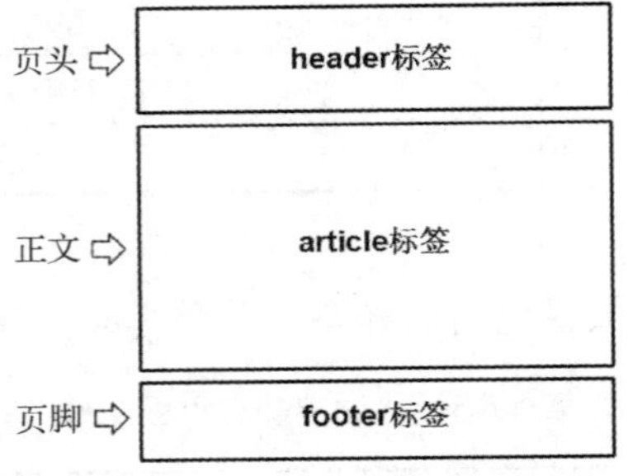

图 17.2 展示、管理页面整体布局

（2）表单页面从上到下分为正文和页脚两部分，如图 17.3 所示。

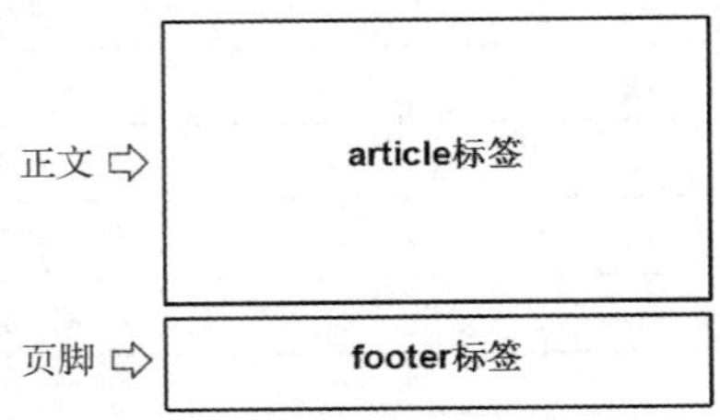

图 17.3 表单页面整体布局

17.2.3 用户登录页面设计

正文部分为登录表单，包含用户名、密码、注册跳转超链接、“登录”按钮四部分，页面设计如图 17.4 所示。

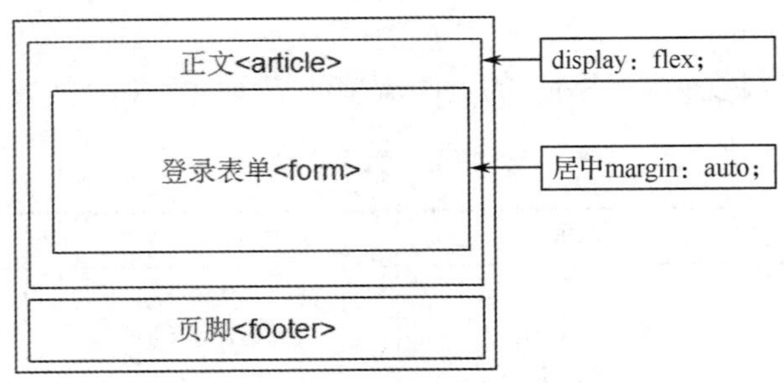

图 17.4 用户登录页面设计

17.2.4 首页设计

正文部分为三个段落，每个段落都包含分类名称、课程图文信息，课程图文信息包含课程封面、课程名称和课程点击量。首页页面设计如图 17.5 所示。

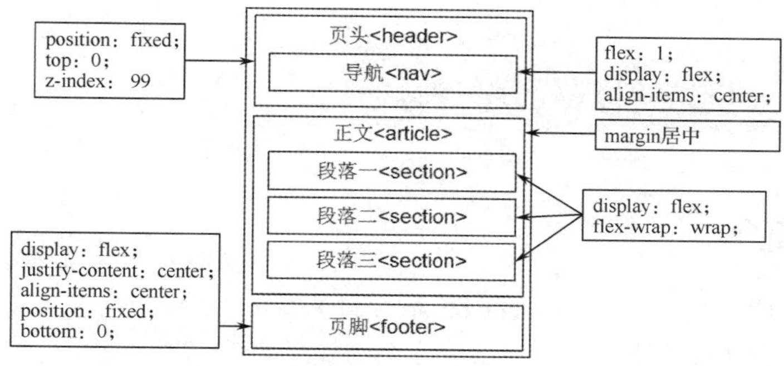

图 17.5　首页页面设计

17.2.5　课程列表页面设计

单击侧边栏功能按钮可切换至不同的功能界面。功能界面一般为表格、表单或列表，课程列表页面设计如图 17.6 所示。

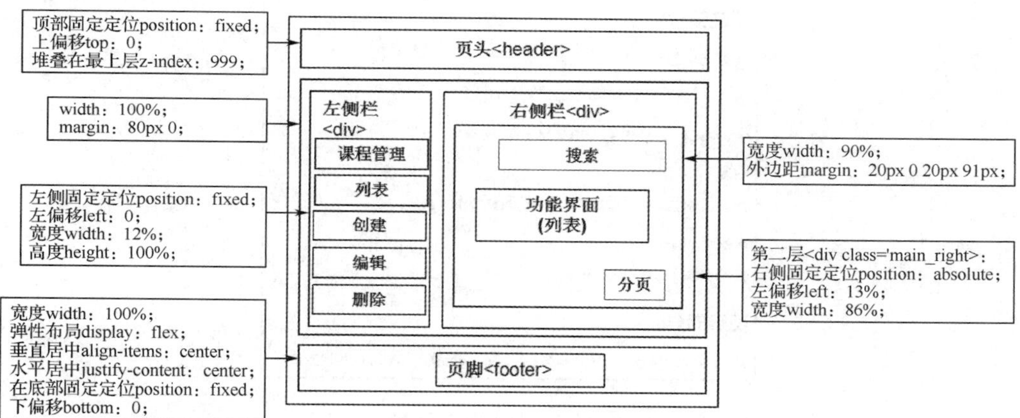

图 17.6　课程列表页面设计

17.2.6　移动端首页设计

移动端首页页面设计如图 17.7 所示。

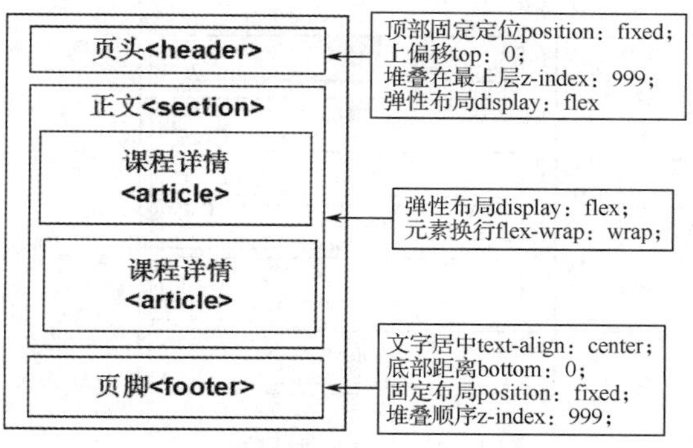

图 17.7　移动端首页页面设计

17.3　第一阶段 HTML5：首页

17.3.1　功能简介

（1）完成“在线视频课程网”videoCourse 项目的首页。

（2）首页分为页头、正文、页脚三部分，页面效果如图 17.8 所示。

① 页头包含网站 LOGO、导航栏和“登录”按钮。

② 正文分为前端、后端和大数据三个段落。

③ 页脚为版权声明。

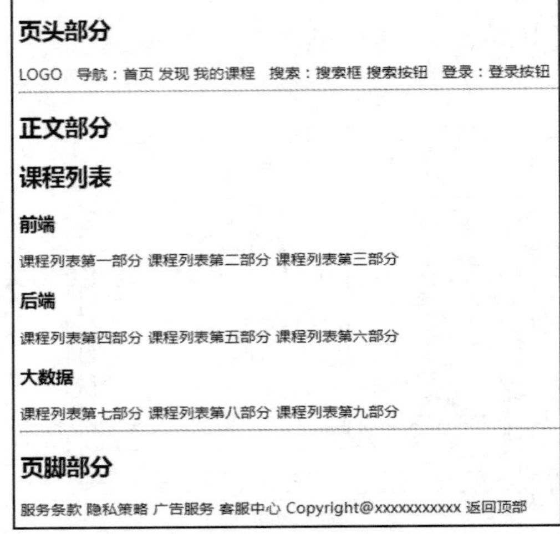

图 17.8　首页页面效果

17.3.2　设计思路

（1）首页原型界面设计如图 17.9 所示。

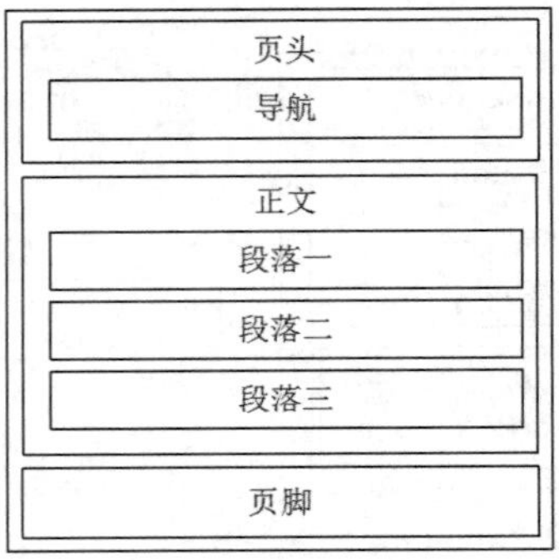

页头
导航
正文
段落一
段落二
段落三
页脚

图 17.9　首页原型界面设计

（2）首页结构设计如图 17.10 所示。

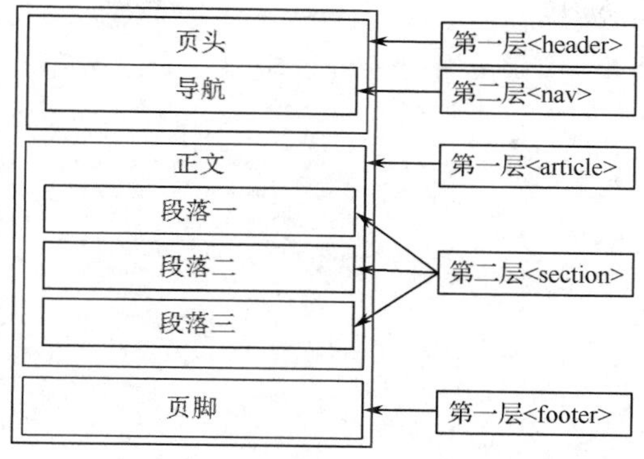

图 17.10　首页结构设计

17.3.3　实现

1. 创建 header 部分

（1）打开 index.html 文件，在<title>标签内输入文本“首页-在线视频课程网”，定义文档的标题。

```
<!DOCTYPE html>
<html>
      <head>
            <meta charset="utf-8" />
            <title>首页-在线视频课程网</title>
      </head>
</html>
```

（2）在 index.html 文件中，删除<body>中的原有内容，添加<header> </header>标签。

① 用<header>标签定义文档的页头。

② 在<header>标签中，添加 title 全局属性值为“页头”。

③ 在<header></header>标签后添加<hr/>水平线。

```
<body>
      <!.. 页头 ..>
      <header title="页头"></header><hr/>
</body>
```

④ 在<header>标签中添加<h2>标签，输入文字“页头部分”。

<h1>～<h6>标签可定义标题，用来构建文档的结构，其中<h1>最大，<h6>最小。

```
<!.. 页头 ..>
<header title="页头">
      <h2>页头部分</h2>
</header>
<hr/>
```

（3）在页头添加导航栏。

① 在<header></header>双标签中添加<nav></nav>双标签，输入文字“导航：首页 发现 我的课程 ；搜索：搜索框 搜索按钮 ；登录：登录按钮”。

② <nav>定义导航链接的部分。

```
<!.--页头--.>
<header title="页头">
        <h2>页头部分</h2>
        <nav>
                LOGO   导航：首页 发现 我的课程  搜索：搜索框 搜索按钮   登录：登录按钮
        </nav>
</header>
<hr/>
```

③ 页面效果如图 17.11 所示。

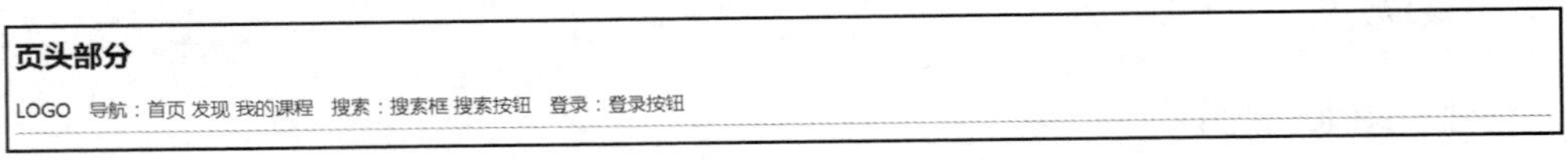

页头部分

LOGO 导航：首页 发现 我的课程 搜索：搜索框 搜索按钮 登录：登录按钮

图 17.11 页面效果

2. 创建 article 部分

（1）在 html 文档的<body>中，定义<article></article>表示的主要内容。

① 在<article>中，新增 title 全局属性值为“正文”。

② 在<article></article>双标签后添加水平线<hr/>标签。

```
<body>
        ……
        <!--正文-->
        <article title="正文"></article><hr/>
</body>
```

（2）添加两个<h2></h2>标签，输入文字“正文部分”和“课程列表”，作为主体部分的标题。

```
<!--正文--.>
<article title="正文">
        <h2>正文部分</h2>
        <h2>课程列表</h2>
</article>
<hr/>
```

（3）在正文中添加段落。

① 在<article>中添加三个<section>标签，<section>标签内分别输入三段文字“课程列表第×部分”，作为正文的三个段落。

② 在<section>中，新增 title 全局属性，分别输入“课程列表、前端/后端/大数据”。

③ 在<section>中，新增<h3>，分别输入“前端”“后端”“大数据”，作为该段落标题。

```
<!--正文-->
```

```
<article title="正文">
    ……
    <section title="课程列表-前端"><h3>前端</h3>
        课程列表第一部分 课程列表第二部分 课程列表第三部分
    </section>
    <section title="课程列表-后端"><h3>后端</h3>
        课程列表第四部分 课程列表第五部分 课程列表第六部分
    </section>
    <section title="课程列表-大数据"><h3>大数据</h3>
        课程列表第七部分 课程列表第八部分 课程列表第九部分
    </section>
</article>
<hr/>
```

④ 页面效果如图 17.12 所示。

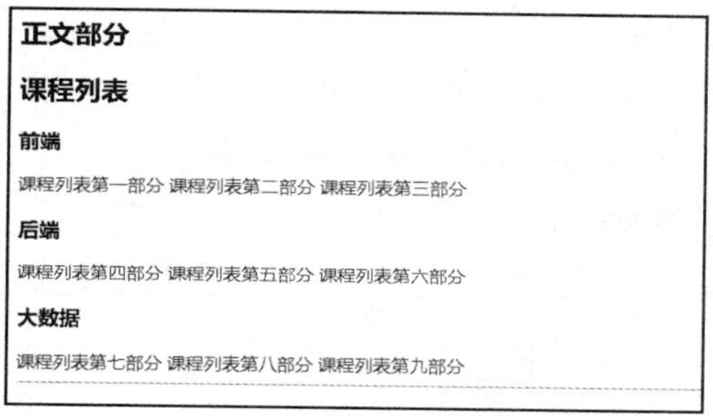

正文部分

课程列表

前端

课程列表第一部分 课程列表第二部分 课程列表第三部分

后端

课程列表第四部分 课程列表第五部分 课程列表第六部分

大数据

课程列表第七部分 课程列表第八部分 课程列表第九部分

图 17.12 页面效果

3. 创建 footer 部分

（1）在 html 文档的<body>中，添加<footer>标签作为页脚。

① 用<footer>标签定义文档或节的页脚。

② 在<footer>中，新增 title 全局属性值为“页脚”。

```
<body>
    <!-- 页头（代码省略） -->
    <!-- 正文 （代码省略）-->
    <!-- 页脚 -->
    <footer title="页脚"></footer>
</body>
```

（2）在页脚中添加<p>标签，输入文本“服务条款 隐私策略 广告服务 客服中心 Copyright@××× 返回顶部”。

<p> 标签定义段落，<p>元素会自动在其前后创建一些空白区域。

```
<body>
    <!-- 页头（代码省略） -->
    <!-- 正文 （代码省略）-->
    <!-- 页脚 -->
    <footer title="页脚">
        <h2>页脚部分</h2>
```

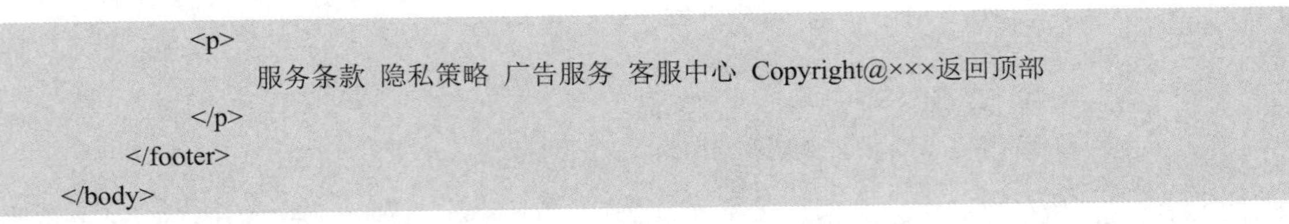

```
            <p>
                服务条款 隐私策略 广告服务 客服中心 Copyright@×××返回顶部
            </p>
        </footer>
</body>
```

4. 实现效果

首页 index.html 在浏览器中的运行效果如图 17.13 所示。

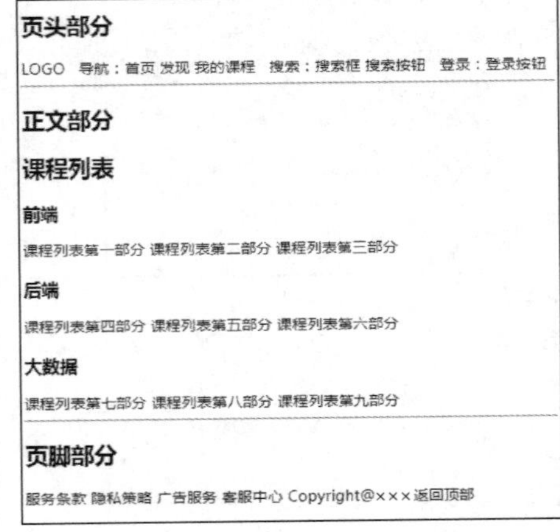

图 17.13　首页运行效果

17.4　第一阶段 HTML5：用户注册

17.4.1　功能简介

（1）完成“在线视频课程网”videoCourse 项目的前端用户注册页面。

（2）页面分为正文、页脚两部分，页面效果如图 17.14 所示。

① 正文分为注册标签、form 表单。

② form 表单包括用户名、密码、确认密码和注册按钮四部分。

③ 页脚为版权声明。

正文部分

注 册

用 户 名：请输入用户名
密　　码：请输入密码
确认密码：请输入确认密码
注册

页脚部分

服务条款 隐私策略 广告服务 客服中心 Copyright@×××返回顶部

图 17.14　页面效果

17.4.2　设计思路

（1）用户注册页面原型界面设计如图 17.15 所示。

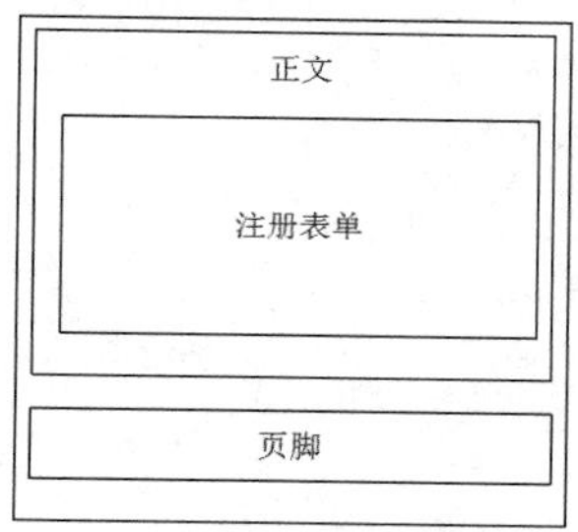

图 17.15　用户注册页面原型界面设计

（2）用户注册页面结构设计如图 17.16 所示。

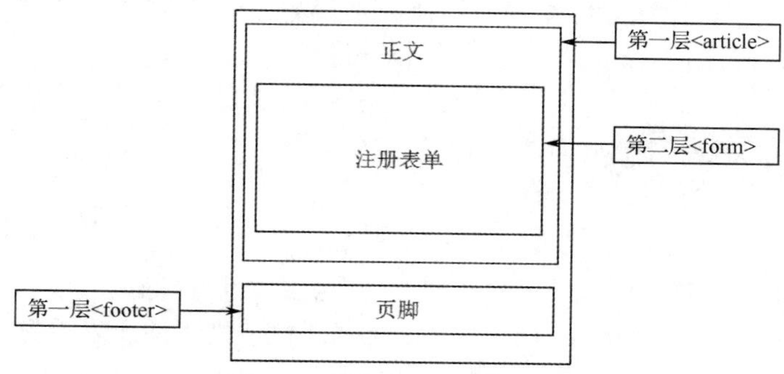

图 17.16　用户注册页面结构设计

17.4.3　实现

1. 创建 register.html 文件

（1）右击“videoCourse”项目，选择【新建】→【HTML 文件】，输入文件名“register.html”，如图 17.17 所示。

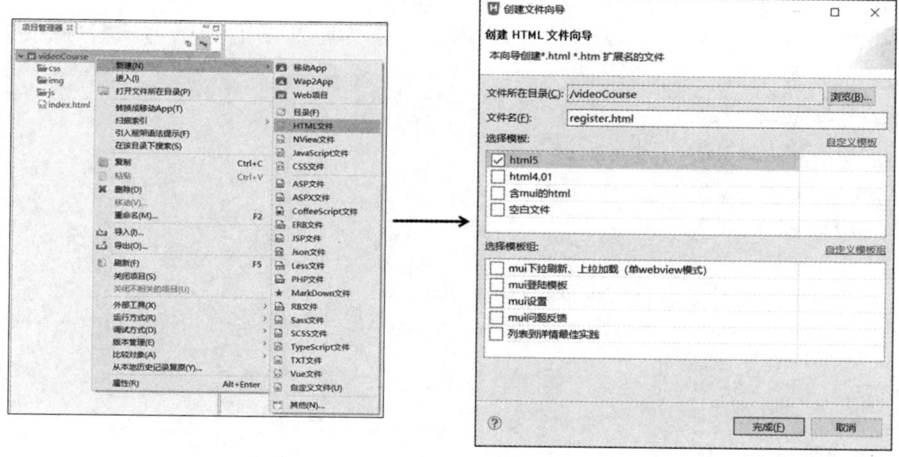

图 17.17　创建 register.html 文件

（2）打开 register.html 文件，在<title>标签内输入文本“用户注册-在线视频课程网”。

```
<!DOCTYPE html>
<html>
	<head>
		<meta charset="utf-8" />
		<title>用户注册-在线视频课程网</title>
	</head>
	<body>
	</body>
</html>
```

2. 创建 article 部分

（1）打开 register.html 文件，在<body></body>双标签中新增<article></article>标签。

① 在<article>结束标签后添加<hr/>水平线标签。

② 在<article>标签内添加 title 全局属性值为“正文”。

```
<body>
	<!.. 正文 ..>
	<article title="正文"></article><hr/>
</body>
```

（2）在<article></article>双标签中：

① 添加<h2>标签，输入文本“正文部分”，作为主体部分标题。

② 在<h2>标签下，添加<form>标签，title 全局属性值为“注册表单”，作为表单结构。

```
<!-- 正文 -->
<article title="正文">
	<h2>正文部分</h2>
	<form title="注册表单"></form>
</article>
<hr/>
```

（3）在正文中添加表单内容。

① 在<form></form>中添加<h2>标签内容，输入文本“注册”。

② 在<h2>标签下，输入“用户名”标签内容，作为正文内的表单用户名标签的内容。

```
<!-- 正文 -->
<article title="正文">
	<h2>正文部分</h2>
	<form action="" method="post" title="注册表单">
		<h2>注 册</h2>
		<div>
			<label>用 户 名：</label>
			<input type="text" name="account" placeholder="请输入用户名" required="required"/>
		</div>
	</form>
</article>
<hr/>
```

③ 页面效果如图 17.18 所示。

正文部分

注 册

用户名：请输入用户名

图 17.18　页面效果

④ 在“用户名”标签内容下，新增“密码”标签内容，作为正文内的表单“密码”标签内容。

```
<!-- 正文 --.>
<article title="正文">
        <h2>正文部分</h2>
        <form action="" method="post" title="注册表单">
                ……
                <div>
                        <label>密        码：</label>
                        <input type="password" name="password" placeholder="请输入密码" required="required"/>
                </div>
        </form>
</article>
<hr/>
```

⑤ 在“密码”标签内容下，新增“确认密码”标签内容，作为正文表单“确认密码”标签的内容。

⑥ 在“确认密码”标签内容下，新增“注册”按钮<input>标签，作为正文内的表单“注册”按钮标签的内容。

```
<!-- 正文 -->
<article title="正文">
        <h2>正文部分</h2>
        <form action="" method="post" title="注册表单">
                ……
                <div>
                        <label>确认密码：</label>
                        <input type="password" name="password" placeholder="请输入确认密码" required="required"/>
                </div>
                <input type="submit" value="注  册"/>
        </form>
</article>
<hr/>
```

⑦ 页面效果图如图 17.19 所示。

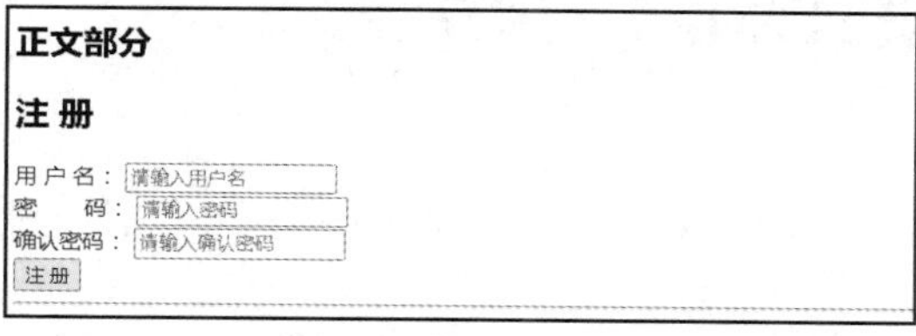

图 17.19　页面效果

3. 创建 footer 部分

（1）在 html 文档的<body>中，添加<footer>标签作为页脚。

① 用<footer>标签定义文档或节的页脚。

② 新增<footer>标签 title 全局属性值为“页脚”。

```
<body>
    ……
    <!-- 页脚 --.>
    <footer title="页脚"></footer>
</body>
```

（2）在页脚中添加<p>标签输入版权信息“服务条款 隐私策略 广告服务 客服中心 Copyright@××× 返回顶部”。

<p> 标签定义段落，<p>元素会自动在其前后创建一些空白区域。

```
<body>
    ……
    <!-- 页脚 -->
    <footer title="页脚">
        <h2>页脚部分</h2>
        <p>
            服务条款 隐私策略 广告服务 客服中心 Copyright@××× 返回顶部
        </p>
    </footer>
</body>
```

4. 页面效果

用户注册页面 register.html 在浏览器中的运行效果如图 17.20 所示。

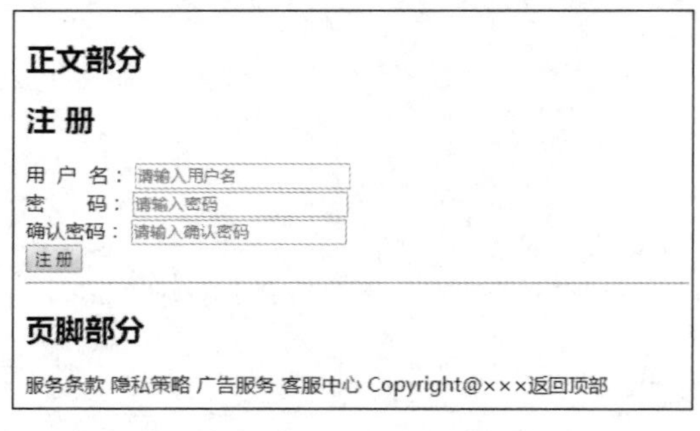

图 17.20 用户注册页面运行效果

17.5 第一阶段 HTML5：用户登录

17.5.1 功能简介

（1）完成“在线视频课程网”videoCourse 项目的用户登录页面。

（2）页面分为正文、页脚两部分，页面效果如图 17.21 所示。

① 正文分为“登录”标签、form 表单。

② form 表单包括用户名、密码和“登录”按钮三部分。

③ 页脚为版权声明。

正文部分

登 录

用户名：请输入用户名

密　码：请输入密码

登 录

页脚部分

服务条款 隐私策略 广告服务 客服中心 Copyright@×××返回顶部

图 17.21　用户登录页面效果

17.5.2　设计思路

（1）用户登录页面原型界面设计如图 17.22 所示。

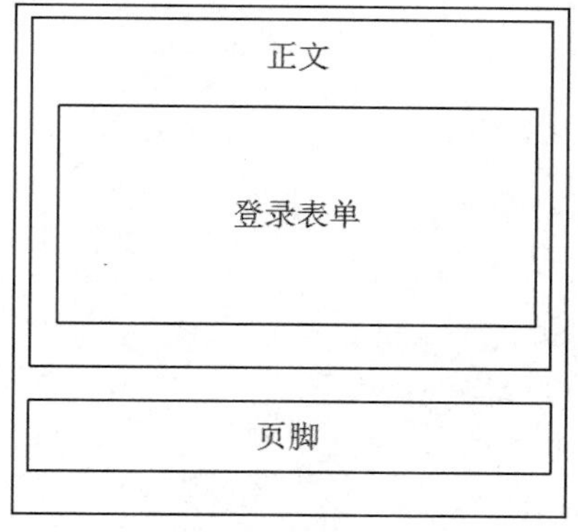

图 17.22　用户登录页面原型界面设计

（2）用户登录页面结构设计如图 17.23 所示。

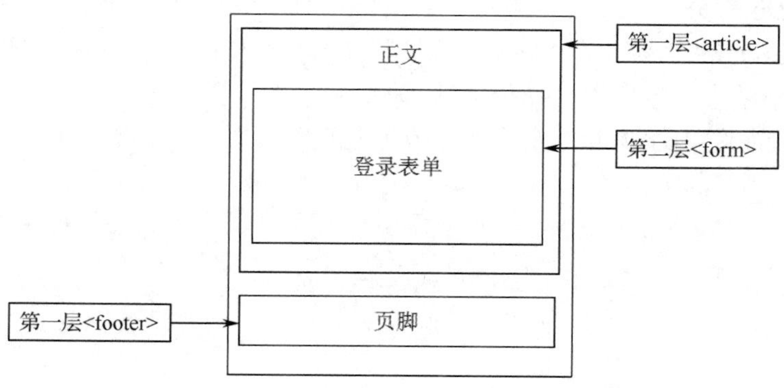

图 17.23　用户登录页面结构设计

17.5.3 实现

1. 创建 login.html 文件

（1）右击“videoCourse”项目，选择【新建】→【HTML 文件】，输入文件名“login.html”，如图 17.24 所示。

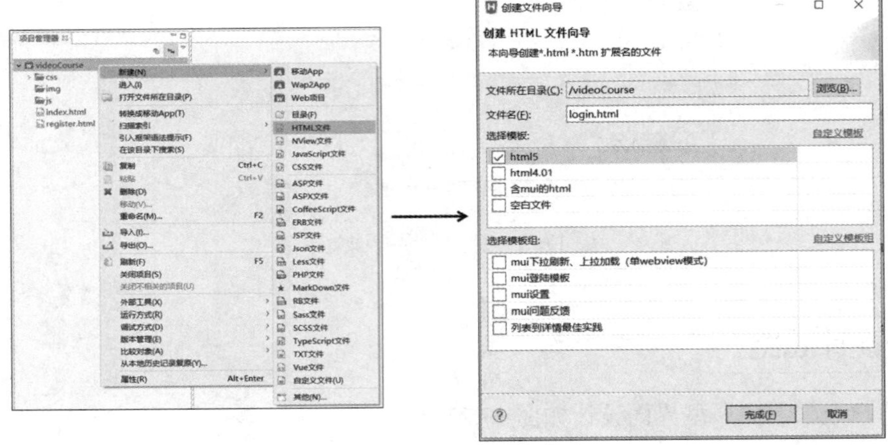

图 17.24　创建 login.html 文件

（2）打开 login.html 文件，在<title>标签内，输入文本“用户登录–在线视频课程网”。

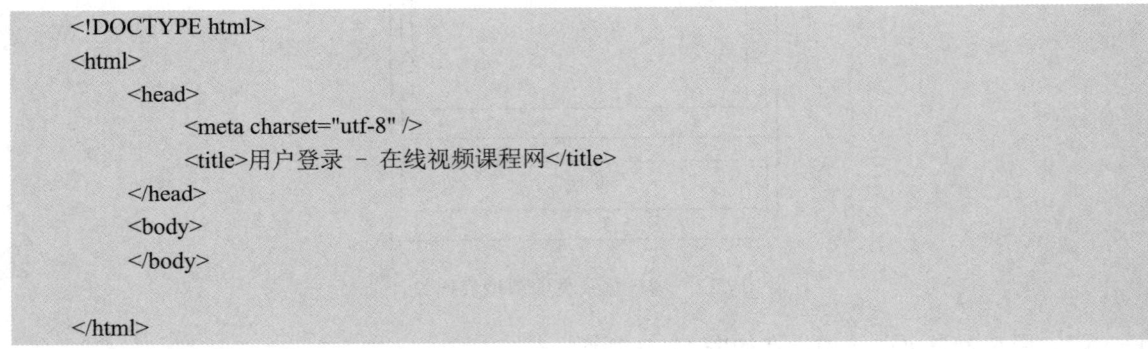

```
<!DOCTYPE html>
<html>
    <head>
        <meta charset="utf-8" />
        <title>用户登录 – 在线视频课程网</title>
    </head>
    <body>
    </body>

</html>
```

2. 创建 article 部分

（1）打开 login.html 文件，在<body></body>双标签中新增<article></article>标签。

① 在<article>结束标签后添加<hr/>水平线标签。

② 在<article>标签内添加 title 全局属性值为“正文”。

```
<body>
    <!-- 正文 -->
    <article title="正文"></article><hr/>

</body>
```

（2）在<article></article>双标签中：

① 添加<h2>标签，输入文字“正文部分”，作为主体部分的标题。

② 在<h2>标签下，添加<form>标签，title 全局属性值“登录表单”，作为表单结构。

```
<!-- 正文 -->
<article title="正文">
    <h2>正文部分</h2>
    <form title="登录表单"></form>
</article>
<hr/>
```

（3）在<form>中添加表单内容。

① 在<form>中添加<h2>标签，输入文本“登录”。

② 在<h2>标签下，新增“用户名”标签内容，作为表单的“用户名”标签内容。

③ 在用户名<input>标签中，新增 placeholder 和 required 属性。

```
<!-- 正文 -->
<article title="正文">
    <h2>正文部分</h2>
    <form action="" method="post" title="登录表单">
        <h2>登 录</h2>
        <div>
            <label>用户名：</label>
            <input type="text" name="account" placeholder="请输入用户名" required="required"/>
        </div>
    </form>
</article>
<hr/>
```

④ 在“用户名”标签内容下，新增“密码”和“登录”按钮标签内容，作为正文内的表单“密码”和“登录”按钮标签内容。

⑤ 在密码<input>标签中，新增 placeholder 和 required 属性。

```
<!-- 正文 -->
<article title="正文">
    <h2>正文部分</h2>
    <form action="" method="post" title="登录表单">
        ……
        <div>
            <label>密  码：</label>
            <input type="password" name="password" placeholder="请输入密码" required="required"/>
        </div>
        <input type="submit" value="登 录"/>
    </form>
</article>
<hr/>
```

⑥ 登录页面效果如图 17.25 所示。

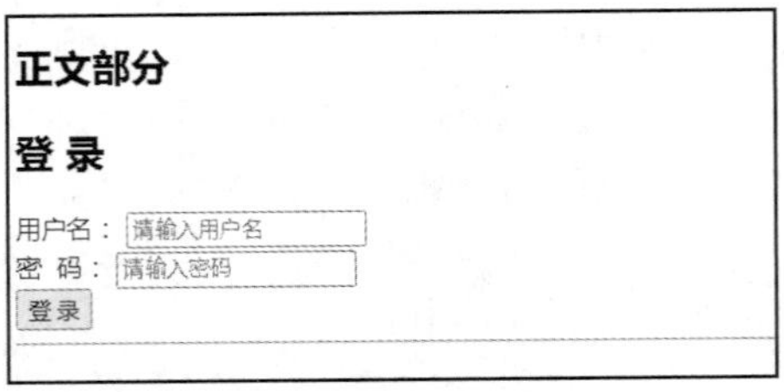

正文部分

登 录

用户名： 请输入用户名

密　码： 请输入密码

登录

图 17.25　登录页面效果

3. 创建 footer 部分

（1）在 html 文档的<body>中，添加<footer>标签作为页脚。

① 用<footer>标签定义文档或节的页脚。

② 新增<footer>标签 title 全局属性值为“页脚”。

```
<body>
    <!-- 正文 （代码省略）-->
    <!-- 页脚 -->
    <footer title="页脚"></footer>
</body>
```

（2）在页脚中添加<p>标签输入版权信息“服务条款 隐私策略 广告服务 客服中心 Copyright@××× 返回顶部”。

```
<body>
    <!--. 正文 （代码省略）-->
    <!-- 页脚 -->
    <footer title="页脚">
        <h2>页脚部分</h2>
        <p>
        服务条款 隐私策略 广告服务 客服中心 Copyright@××× 返回顶部
        </p>
    </footer>
</body>
```

4. 页面效果

页面效果如图 17.26 所示。

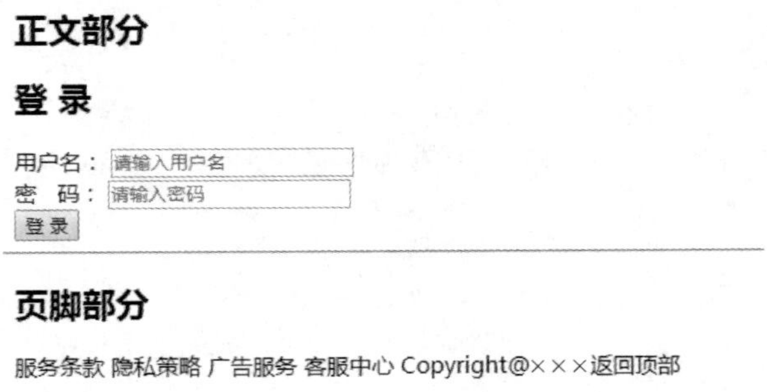

正文部分

登 录

用户名： 请输入用户名

密　码： 请输入密码

登录

页脚部分

服务条款 隐私策略 广告服务 客服中心 Copyright@×××返回顶部

图 17.26　页面效果

17.6　第一阶段 HTML5：课程详情

17.6.1　功能简介

（1）完成“在线视频课程网”videoCourse 项目的前端课程详情页面。

（2）页面分为页头、正文、页脚三部分，如图 17.27 所示。

① 页头包含网站 LOGO、导航栏和“登录”按钮。

② 正文分为课程介绍和章节目录两部分。

③ 页脚为版权声明。

图 17.27　课程详情页面效果图

17.6.2　设计思路

（1）课程详情页面原型界面设计如图 17.28 所示。

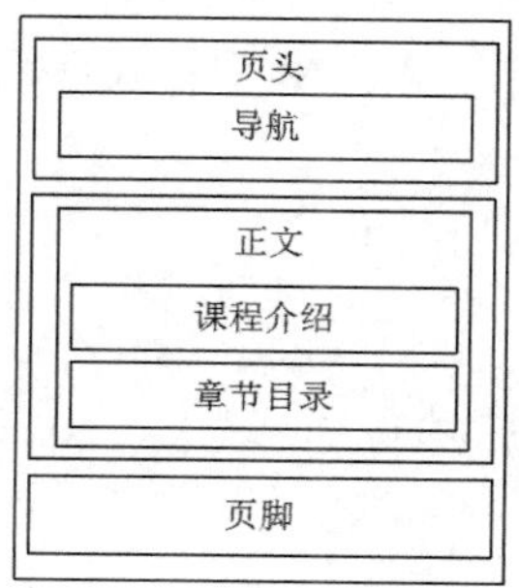

图 17.28　课程详情页面原型界面设计

（2）课程详情页面结构设计如图 17.29 所示。

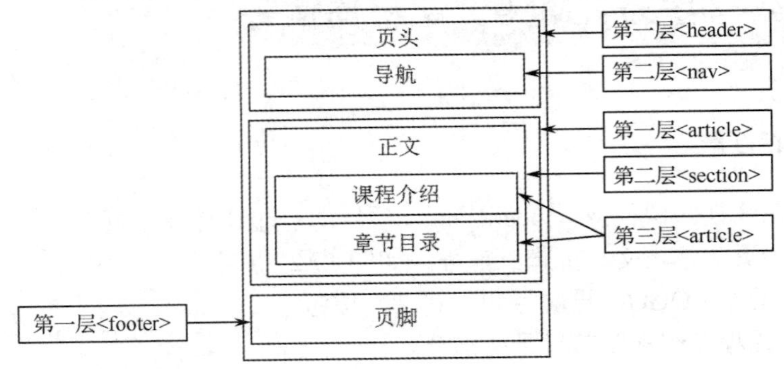

图 17.29　课程详情页面结构设计

17.6.3　实现

1. 创建 detail.html 文件

（1）右击“videoCourse”项目，选择【新建】→【HTML 文件】，输入文件名“detail.html”，如图 17.30 所示。

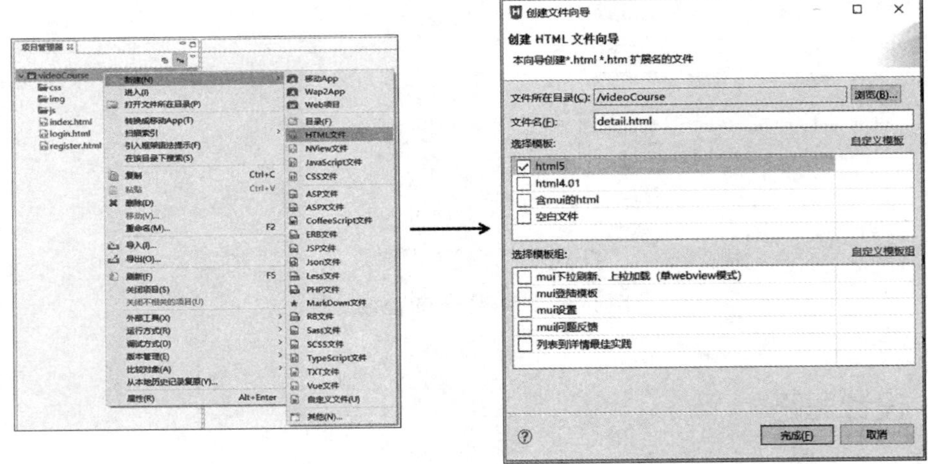

图 17.30　创建 detail.html 文件

（2）打开 detail.html 文件，在<title>标签内，输入文本“课程详情-在线视频课程网”。

```
<!DOCTYPE html>
<html>
	<head>
		<meta charset="utf-8" />
		<title>课程详情-在线视频课程网</title>
	</head>
	<body>
	</body>
</html>
```

2. 创建 header 部分

（1）创建页头。

打开 detail.html 文件，在<body></body>双标签中新增<header></header>标签。

① 用<header> 标签定义文档的页头。

② 在<header>标签中，添加全局属性 title 属性值为“页头”。

③ 在<header></header>标签后添加<hr/>水平线。

```
<body>
        <!-- 页头 -->
        <header title="页头"></header><hr/>
</body>
```

（2）在页头添加标题。

① 在<header>标签中添加<h2>标签，输入文字“页头部分”。

② <h1>~<h6>标签可定义标题，用来构建文档的结构，其中，<h1>最大，<h6>最小。

```
<!-- 页头 -->
<header title="页头">
        <h2>页头部分</h2>
</header><hr/>
```

③ 页面效果如图 17.31 所示。

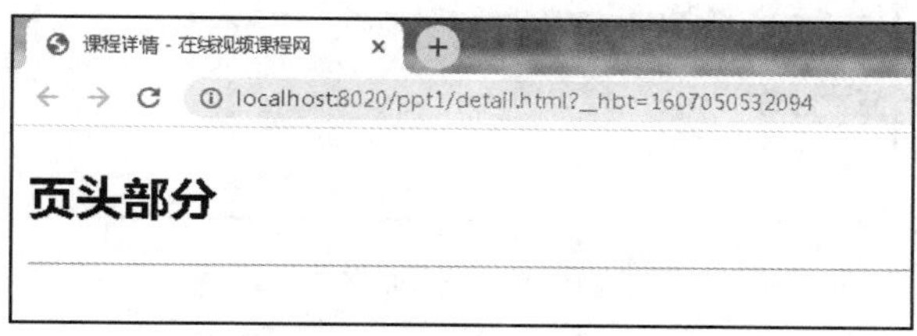

图 17.31　页面效果

（3）在页头添加导航栏。

① 在<h2>标签下，添加<nav>标签，输入文字“导航：首页 发现 我的课程   搜索：搜索框 搜索按钮   登录：登录按钮”。

② 用<nav>定义导航链接的部分。

```
<!--. 页头 -->
<header title="页头">
        <h2>页头部分</h2>
        <nav>
                LOGO   导航：首页 发现 我的课程       搜索：搜索框 搜索按钮   登录：
登录按钮
        </nav>
</header>
<hr/>
```

3. 创建 article 部分

（1）在 html 文档的<body>中，定义<article>表示的主要内容。<article>标签后新增<hr/>水平线，显示为一条水平线。

```
<body>
        <!-- 页头（代码省略） -->
        <!-- 正文 -->
        <article title="正文"></article><hr/>

</body>
```

（2）在<article></article>中，添加<h2>，输入文本“正文部分”，作为主体部分的标题。

① 在<h2>下，添加<section>标签，作为正文部分段落。

② 用<section> 标签定义文档中的节（section.区段）。

```
<!-- 正文 -->
<article title="正文">
        <h2>正文部分</h2>
        <section></section>
</article>
<hr/>
```

③ 页面效果如图 17.32 所示。

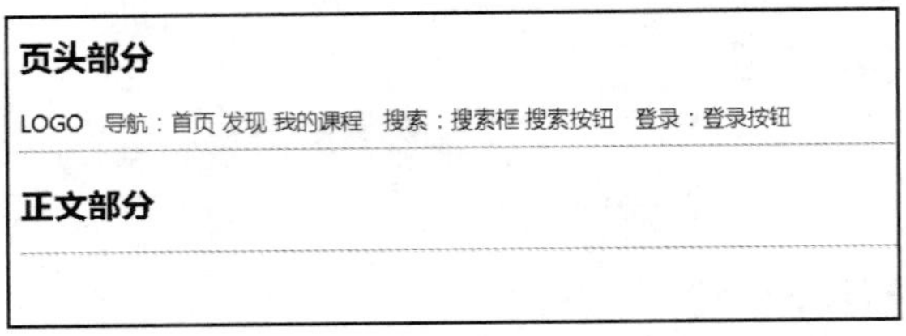

页头部分

LOGO 导航：首页 发现 我的课程 搜索：搜索框 搜索按钮 登录：登录按钮

正文部分

图 17.32　页面效果

（3）在<section></section>中添加正文内容。

① 在<section>中添加两个<article></article>标签。

② 第一个<article>标签内是课程介绍部分内容，title 全局属性值为“课程介绍”。

③ 第二个<article>标签内是章节目录部分内容，title 全局属性值为“章节目录”。

```
<!--. 正文 -->
<article title="正文">
        <h2>正文部分</h2>
        <section>
                <!-- 课程介绍 -->
                <article title="课程介绍"></article>
                <!-- 章节目录 -->
                <article title="章节目录"></article>
        </section>
</article><hr/>
```

（4）在正文中的课程介绍部分添加内容。

① 在第一个<article>标签内新增<h3>，输入文本“课程介绍”，作为第一个正文标题。

② 在<h3>下，输入<table>标签内容，作为课程介绍第一部分的正文内容。

③ 添加课程封面和课程名称标签内容。

④ 课程封面图的 src 路径为“img/course/1.1.png”，图片素材存放于素材文件夹中。

```
<!-- 课程介绍 -->
<article title="课程介绍">
    <h3>课程介绍</h3>
    <table border="1">
        <tr>
            <td><img src="./img/course/1.1.png" title="课程详情封面"/></td>
            <td>
                <table width="100%" border="0">
                    <tr align="center">
                        <td colspan="4" height="50">课程名称：如网页设计与制作实践</td>
                    </tr>
……
```

（5）在课程名称下，新增“授课老师”“分类”“课时”标签内容。

```
<article title="课程介绍"><!--. 课程介绍 -->
    <h3>课程介绍</h3>
    <table border="1">
        <tr>
            <td><img src="./img/course/1-1.png" title="课程详情封面"/></td>
            <td>
                <table width="100%" border="0">
                    <!-- 课程名称（代码省略） -->
                    <tr align="center">
                        <td>多列：</td>
                        <td>授课老师</td>
                        <td>分类</td>
                        <td>课时</td>
                    </tr>
                    <tr align="center">
                        <td></td>
                        <td>张三</td>
                        <td>Web 开发技术</td>
                        <td>10</td>
                    </tr>
……
```

（6）在“授课老师”“分类”“课时”标签内容下，新增<hr/>标签内容。

（7）在<hr/>标签内容下，新增“开始学习”按钮标签内容。

```
……
                    <tr>
                        <td colspan="4"><hr/></td>
                    </tr>
                    <tr height="150" >
                        <td colspan="4" valign="bottom">按钮：开始学习</td>
```

```
                        </tr>
                    </table>
                </td>
            </tr>
        </table>
    </article>
    <br />
```

（8）页面效果如图 17.33 所示。

图 17.33　页面效果图

（9）在正文中的章节目录部分添加内容。

① 在第二个<article>标签内新增<h3>，输入文本“章节目录”，作为第二个正文标题。

② 在<h3>下，输入<table>标签内容，作为课程介绍第一部分的正文内容。

③ 在<table>标签中，新增“课程详情”内容，新增<hr/>水平线。

④ 在<th>和<td>中分别添加标题和内容，其后都添加
换行标签。

```
<table width="30%" border="0">
    <tr align="left" height="50">
        <th>标题：<br/>课程详情</th>
    </tr>
    <tr height="50">
        <td>内容：<br/>课程详情内容</td>
    </tr>
    <tr>
        <td><hr/></td>
    </tr>
</table>
```

（10）在“课程详情”内容下，新增“课程目录”列表内容。

（11）新增<hr/>水平线。

```
<table width="30%" border="0">
    <!-- 课程详情内容（代码省略） -->
    <tr align="left" height="50">
        <th>标题：<br/>课程目录</th>
    </tr>
```

```
        <tr height="50">
            <td>内容：<br/>
                第 1 章  核心知识串讲<br/>
                第 1 节  HBuilder 安装和使用 1(文档)<br/>
                第 2 节  HBuilder 安装和使用 2(视频)<br/>
                第 3 节  HBuilder 安装和使用 3(文档)<br/>
                第 4 节  HBuilder 安装和使用 4(视频)<br/>
            </td>
        </tr>
        <tr>
            <td><hr/></td>
        </tr>
    </table>
```

（12）在“课程目录”列表内容下，新增“大家评价”内容。

（13）新增<hr/>水平线。

```
<table width="30%" border="0">
    <!-- 课程详情内容（代码省略） -->
    <!-- 课程目录列表内容（代码省略） -->
    <tr align="left" height="50">
        <th>标题：<br/>大家评价</th>
    </tr>
    <tr height="50">
        <td>内容：<br/>大家评价内容</td>
    </tr>
</table>
```

（14）article 部分页面效果如图 17.34 所示。

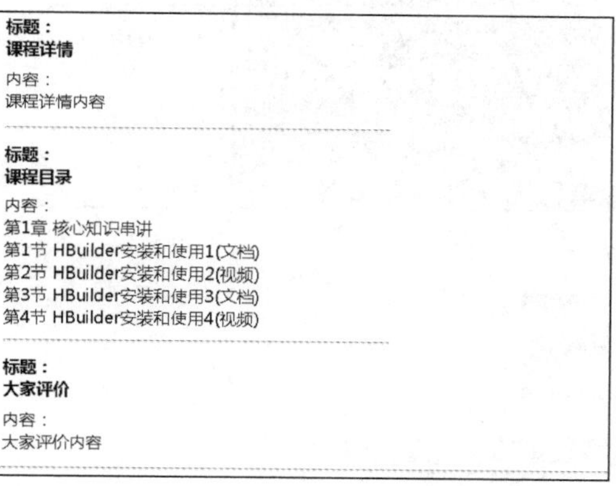

图 17.34　article 部分页面效果

4. 创建 footer 部分

（1）在 html 文档的<body>中，添加<footer>标签作为页脚。

① 用<footer>标签定义文档或节的页脚。

② 新增<footer>标签 title 全局属性值为“页脚”。

```
<body>
    <-- 页头（代码省略） -->
    <!-- 正文（代码省略） --.>
    <!-- 页脚 -->
    <footer title="页脚"></footer>
</body>
```

（2）在页脚中添加<p>标签输入版权信息“服务条款 隐私策略 广告服务 客服中心 Copyright@××× 返回顶部”。

```
<body>
    <!-- 页头（代码省略） -->
    <!-- 正文（代码省略） -->
    <!-- 页脚 -->
    <footer title="页脚">
        <h2>页脚部分</h2>
        <p>
            服务条款 隐私策略 广告服务 客服中心 Copyright@××× 返回顶部
        </p>
    </footer>
</body>
```

5. 运行效果

课程详情页面效果如图 17.35 所示。

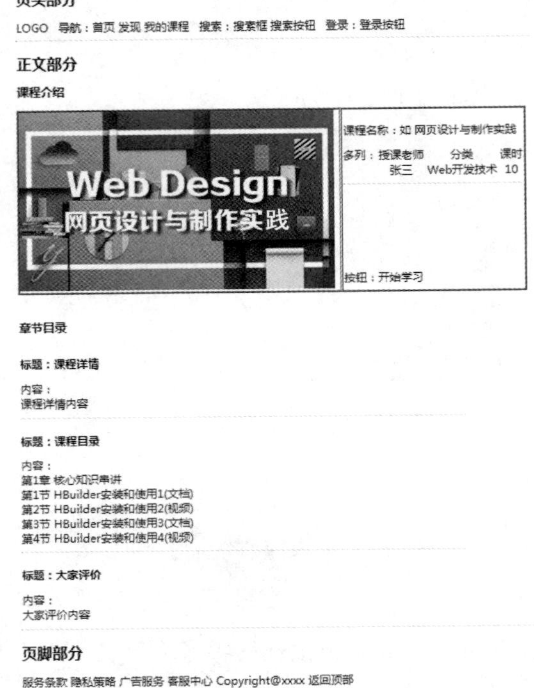

图 17.35 课程详情页面效果

17.7　第一阶段 HTML5：视频播放

17.7.1　功能简介

（1）完成“在线视频课程网”videoCourse 项目的视频播放页面。

（2）页面分为页头、正文、页脚三部分，页面效果如图 17.36 所示。

① 页头包含网站 LOGO、导航栏和登录按钮。

② 正文分为左侧视频播放和右侧章节列表两部分。

③ 页脚为版权声明。

图 17.36　页面效果

17.7.2　设计思路

（1）视频播放页面原型界面设计如图 17.37 所示。

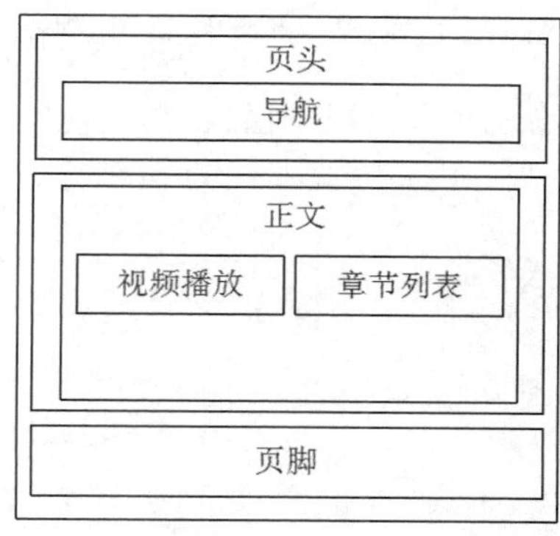

图 17.37　视频播放页面原型界面设计

（2）视频播放页面结构设计如图 17.38 所示。

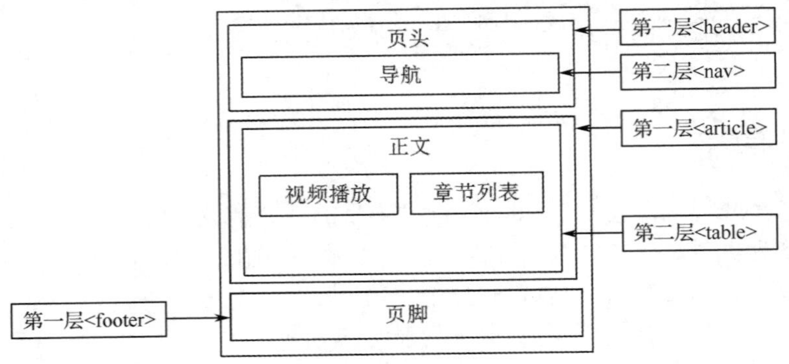

图 17.38　视频播放页面结构设计

17.7.3　实现

1. 创建 videoPlay.html 文件

（1）右击“videoCourse”项目，选择【新建】→【HTML 文件】，输入文件名“videoPlay.html”，如图 17.39 所示。

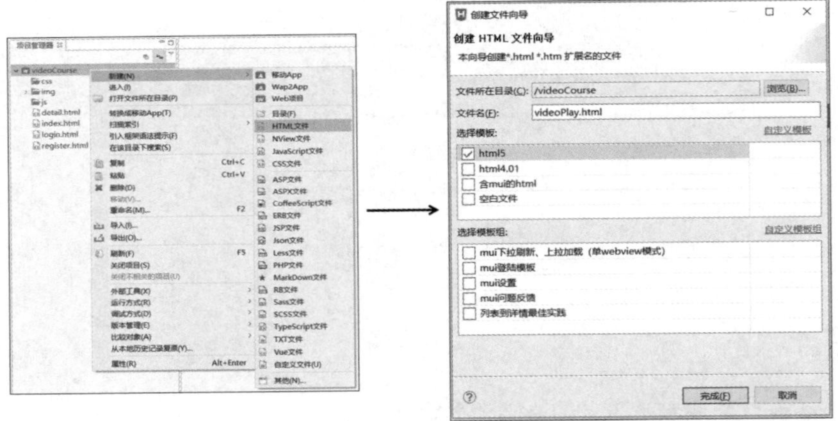

图 17.39　创建 videoPlay.html 文件

（2）在<title></title>标签中输入文本“视频播放-在线视频课程网”。

```
<!DOCTYPE html>
<html>
	<head>
		<meta charset="utf-8" />
		<title>视频播放-在线视频课程网</title>
	</head>
	<body>
	</body>
</html>
```

2. 创建 header 部分

（1）创建页头。

① 打开 videoPlay.html 文件，添加<header> </header>标签。

② 用<header> 标签定义文档的页头。

③ 在<header>标签中，定义 title 全局属性值为“页头”。

④ 在<header></header>双标签后，新增<hr/>标签，显示为一条水平线。

```
<body>
    <!-- 页头 -->
    <header title="页头"></header><hr/>
</body>
```

（2）在页头添加 logo。

① 在<header>标签中添加<h2>标签，输入文字“页头部分”。

② <h1>~<h6> 标签可定义标题，用来构建文档的结构，其中<h1>最大，<h6>最小。

```
<!-- 页头-->
<header title="页头">
    <h2>页头部分</h2>
</header>
<hr/>
```

（3）在页头添加导航栏。

① 在<header>标签中添加<nav>标签，输入文字“导航：首页 发现 我的课程   搜索：搜索框 搜索按钮   登录：登录按钮”。

② <nav> 定义导航链接的部分。

```
<!-- 页头 -->
<header title="页头">
    <h2>页头部分</h2>
    <nav>
        LOGO   导航：首页 发现 我的课程      搜索：搜索框 搜索按钮   登录：
登录按钮
    </nav>
</header>
<hr/>
```

③ 页面效果如图 17.40 所示。

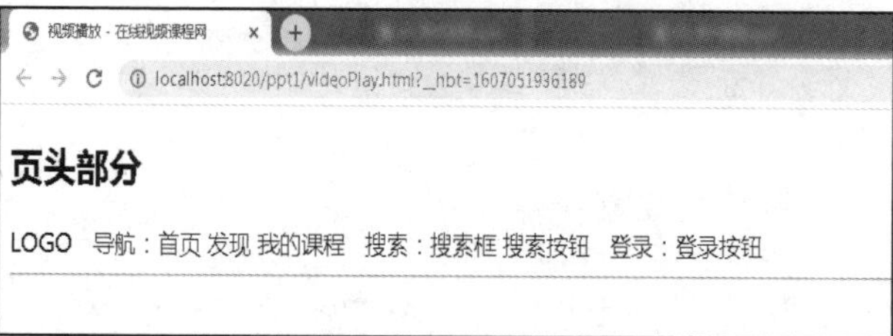

图 17.40　页面效果

3. 创建 article 部分

（1）在 html 文档的<body>中，添加<article></article>表示主要内容。

① 在<article>标签内设置 title 全局属性值为“正文”。

② 在<article></article>标签后添加<hr/>水平线标签。

```
<!-- 正文 -->
<article title="正文">
        <h2>正文部分</h2>
</article>
<hr/>
```

（2）在<article>中添加<h2>，输入文字“正文部分”，作为主体部分的标题。

```
<body>
        <!-- 页头（代码省略） -->
        <!-- 正文 -->
        <article title="正文"></article><hr/>

</body>
```

（3）在正文中添加正文内容。

① 在正文<article>的<h2>标签下，添加<table>标签，<table>标签内容作为正文内容。

```
<!-- 正文 -->
<article title="正文">
        <h2>正文部分</h2>
        <table border="1">
<tr>
<td></td>
<td></td>
</tr>
</table>
</article>
<hr/>
```

② 在正文中的<table>标签中添加视频播放和章节列表左右两部分内容。

③ 在<table>标签第一个<td>中，新增<article>标签，作为左侧视频播放部分的内容。

④ 在<article>中新增 titile 全局属性值为“左侧视频播放”。

⑤ 视频的 src 路径为“./video/20200529170854.ogv”，视频素材存放于素材文件夹中。

```
<table border="1">
        <tr>
                <td>
                        <article title="左侧视频播放">
                                <h3>左侧视频播放</h3>
                <video src="./video/20200529170854.ogv" controls="controls">视频播放</video>
                        </article>
                </td>
                ……
```

```
        </tr>
</table>
```

（4）左侧视频播放页面效果如图 17.41 所示。

图 17.41　左侧视频播放页面效果

（5）在<table>标签的下一个<td>中，新增<article>，作为右侧章节列表部分的内容。

（6）在<article>中新增 title 全局属性值为“右侧章节列表”，<td>中新增 valign 属性值为“top”。

```
<table border="1">
        <tr>
                ……
                <td valign="top">
                        <article title="右侧章节列表">
                                <h3>右侧章节列表</h3>
                                <h4>
                                        课程名称：如 网页设计与制作实践<br/>
                                        辅导老师：如 IT 学院<br/>
                                        目录
                                </h4>
                                第 1 章 核心知识串讲<br/>
                                第 1 节 HBuilder 安装和使用 1(文档)<br/>
                                第 2 节 HBuilder 安装和使用 2(视频)<br/>
                                第 3 节 HTML5 结构和元素:首页制作 1(文档)<br/>
                                第 4 节 HTML5 结构和元素:首页制作 2(视频)<br/>
                        </article>
                </td>
        </tr>
</table>
```

（7）右侧章节列表页面效果如图 17.42 所示。

4．创建 footer 部分

（1）在 html 文档的<body>中，添加<footer>标签作为页脚。

① 用<footer>标签定义文档或节的页脚。

② 新增<footer>标签的 title 全局属性值为“页脚”。

图 17.42　右侧章节列表页面效果

```
<body>
    <!-- 页头（代码省略） -->
    <!-- 正文（代码省略） -->
    <!-- 页脚 -->
    <footer title="页脚"></footer>
</body>
```

（2）在页脚中添加<p>标签输入版权信息“服务条款 隐私策略 广告服务 客服中心 Copyright@××× 返回顶部”。

```
<body>
    <!-- 页头（代码省略） -->
    <!-- 正文（代码省略） -->
    <!-- 页脚 -->
    <footer title="页脚">
        <h2>页脚部分</h2>
        <p>
            服务条款 隐私策略 广告服务 客服中心 Copyright@××× 返回顶部
        </p>
    </footer>
</body>
```

5. 运行效果

页面效果如图 17.43 所示。

图 17.43　页面效果

17.8　第一阶段 HTML5：后台课程管理

17.8.1　功能简介

（1）完成“在线视频课程网”videoCourse 项目的后台课程管理页面。

（2）页面分为页头、正文、页脚三个部分，页面效果如图 17.44 所示。

① 页头包含网站 LOGO、登录名。

② 正文分为左侧导航栏和右侧课程列表两部分。

③ 页脚为版权声明。

页头部分

LOGO　登录名：admin

正文部分

页脚部分

服务条款 隐私策略 广告服务 客服中心 Copyright@×××返回顶部

图 17.44　后台课程管理页面效果

17.8.2　设计思路

（1）后台课程管理页面原型界面设计如图 17.45 所示。

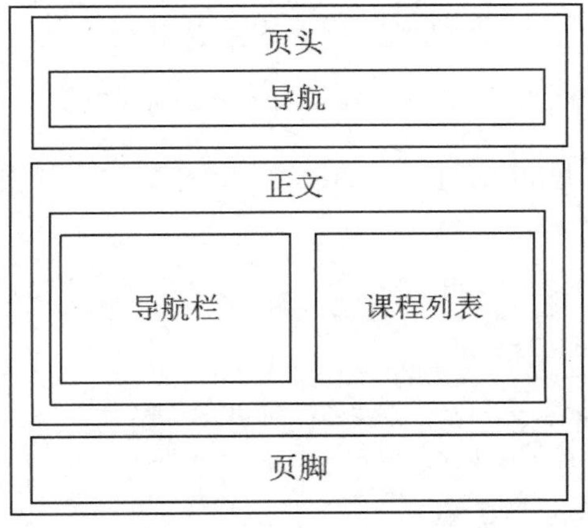

图 17.45　后台课程管理页面原型界面设计

（2）后台课程管理页面结构设计如图 17.46 所示。

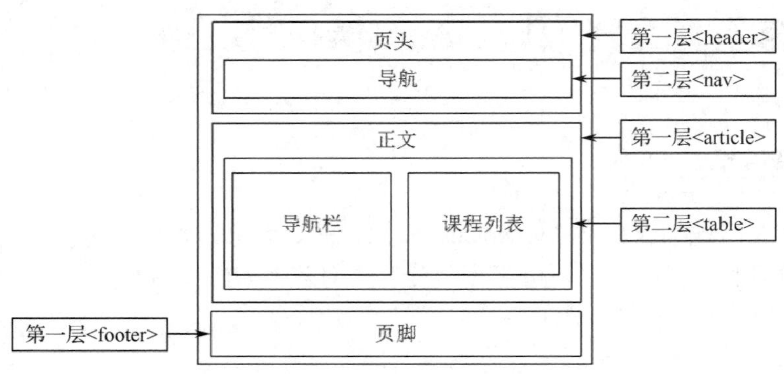

图 17.46　后台课程管理页面结构设计

17.8.3　实现

1. 创建 courseManage.html 文件

（1）右击“videoCourse”项目中的 admin 目录，选择【新建】→【HTML 文件】，输入文件名“courseManage.html”，如图 17.47 所示。

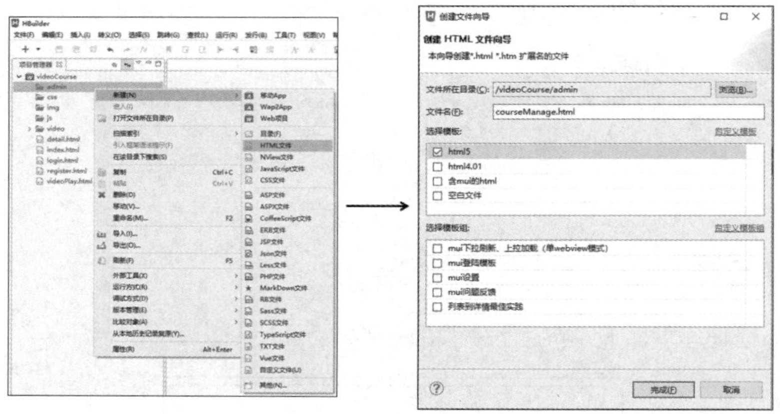

图 17.47　创建 courseManage.html 文件

（2）打开 courseManage.html 文件，在<title></title>标签内，输入文本“课程列表-后台管理-在线视频课程网”。

```
<!DOCTYPE html>
<html>
    <head>
        <meta charset="utf-8" />
        <title>课程列表-后台管理-在线视频课程网</title>
    </head>
    <body></body>
</html>
```

2. 创建 header 部分

（1）创建页头。

① 打开 courseManage.html 文件，删除<body></body>中原有内容，添加<header></header>标签。

② 用<header> 标签定义文档的页头。

③ 在<header>标签中，添加 title 全局属性值为“页头”。

④ 在<header></header>标签后添加<hr/>水平线。

```
<body>
	<!-- 页头 -->
	<header title="页头"></header><hr/>
</body>
```

（2）在页头添加导航标签内容。

① 在<header>标签中添加<h2>标签，输入文本“页头部分”。

② 在<header>标签中添加<nav>标签，输入文本“LOGO   登录名：admin”。

```
<!-- 页头 -->
<header title="页头">
	<h2>页头部分</h2>
	<nav>
		LOGO   登录名：admin
	</nav>
</header>
<hr />
```

③ header 部分页面效果如图 17.48 所示。

图 17.48　header 部分页面效果

3. 创建 article 部分

（1）在 html 文档的<body></body>中，定义<article>表示的主要内容。

① 在<article> 标签后新增<hr/>水平线标签。

② 在<article>中，新增 title 全局属性值为“正文”。

```
<body>
	<!-- 页头（代码省略） -->
	<!-- 正文 -->
```

```
        <article title="正文"></article><hr/>
</body>
```

（2）在<article>中添加<h2>标签，输入文本“正文部分”，作为主体部分的标题。

```
<!-- 正文 -->
<article title="正文">
        <h2>正文部分</h2>
</article>
<hr/>
```

（3）在正文中添加正文内容。

① 编辑<article>标签内容。

② 在正文<article>中<h2>标签下，添加<table>标签，width 宽度为 35%，border 为 1，<table>标签内容作为正文内容。

```
<!-- 正文 -->
<article title="正文">
        <h2>正文部分</h2>
        <table width="35%" border="1">
                <tr>
                        <!-- 左侧导航栏 -->
                        <td title="左侧导航栏"></td>
                        <!-- 右侧课程列表 -->
                        <td title="右侧课程列表"></td>
                </tr>
        </table>
</article>
<hr/>
```

③ 在正文中的<table>标签中添加左侧导航栏部分内容。

④ 在<table>标签中添加左侧导航栏部分内容，<td>的 valign 属性值为“top”，width 宽度为 15%，title 全局属性值为“左侧导航栏”。

```
<table width="35%" border="1">
        <tr>
                <!-- 左侧导航栏 -->
                <td valign="top" width="15%" title="左侧导航栏">
                        <center><b>课程管理</b></center>
                        <center>列表</center>
                        <center>创建</center>
                        <center>编辑</center>
                        <center>删除</center>
                </td>
                <!-- 右侧课程列表 -->
        </tr>
</table>
```

⑤ 左侧导航栏页面效果如图 17.49 所示。

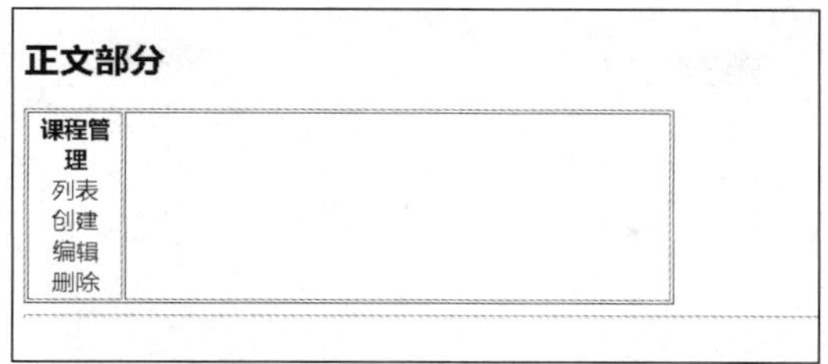

图 17.49　左侧导航栏页面效果

⑥ 在正文中的<table>标签中添加右侧课程列表部分内容。

⑦ 在<table>标签中添加右侧课程列表部分内容，<td>align 属性值为“right”，title 全局属性值为“右侧课程列表”。

⑧ 添加搜索框和“搜索”按钮<input>标签，单击“搜索”按钮，列出列表数据，并列出分页。

⑨ 搜索框<input>type 类型为“search”，“搜索”按钮的 type 类型为“button”，value 值为“搜索”。

```
<table width="35%" border="1">
    <tr>
        <-- 左侧导航栏（代码省略）-->
        <!-- 右侧课程列表 -->
        <td align="right" title="右侧课程列表">
            搜索：<input type="search" title="搜索框" placeholder="请输入课程序号"/>
            <input type="button" title="搜索按钮" value="搜索"/>    <br/>
            课程列表：序号  课程名  封面  发布者  发布时间<br/><br/>
            分页
        </td>
    </tr>
</table>
```

⑩ 右侧课程列表页面效果如图 17.50 所示。

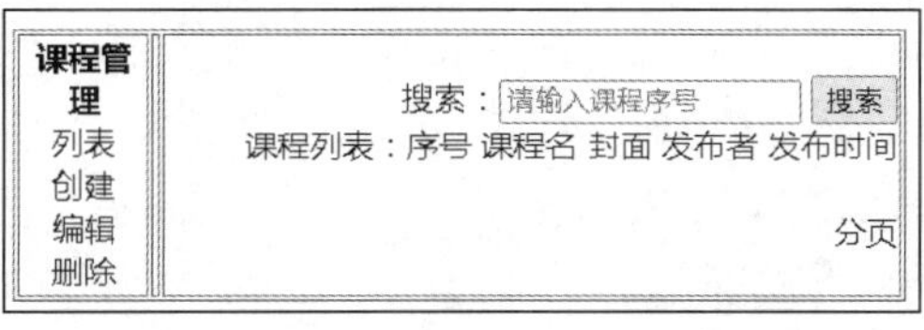

图 17.50　右侧课程列表页面效果

4. 创建 footer 部分

（1）在 html 文档的<body>中，添加<footer>标签作为页脚。

① 用<footer>标签定义文档或节的页脚。

② 在<footer>中，新增 title 全局属性值为“页脚”。

```
<body>
    <!-- 页头（代码省略） -->
    <!-- 正文（代码省略） -->
```

```
    <!-- 页脚 -->
    <footer title="页脚"></footer>
</body>
```

（2）在页脚中添加<p>标签输入版权信息“服务条款 隐私策略 广告服务 客服中心 Copyright@××× 返回顶部”。

```
<body>
    <!-- 页头（代码省略） -->
    <!-- 正文（代码省略） -->
    <!-- 页脚 -->
    <footer title="页脚">
        <h2>页脚部分</h2>
        <p>
            服务条款 隐私策略 广告服务 客服中心 Copyright@××× 返回顶部
        </p>
    </footer>
</body>
```

5. 页面效果

页面效果如图 17.51 所示。

页头部分

LOGO 登录名：admin

正文部分

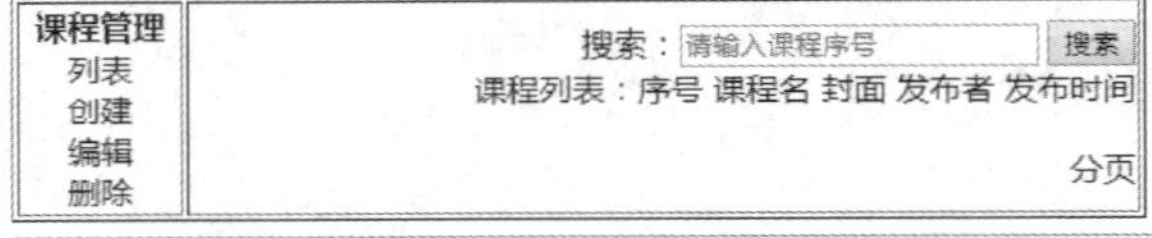

页脚部分

服务条款 隐私策略 广告服务 客服中心 Copyright@×××返回顶部

图 17.51　页面效果

17.9　第二阶段 CSS3：首页

17.9.1　功能简介

（1）完成在“线视频课程网”videoCourse 项目的首页。

（2）页面分为页头、正文、页脚三个部分。

① 页头包含网站 LOGO、导航栏和“登录”按钮。

② 正文分为前端、后端和大数据三个段落。

③ 页脚为版权声明。

（3）页面效果如图 17.52 所示。

图 17.52　首页页面效果

17.9.2　设计思路

（1）首页原型界面设计如图 17.53 所示。

图 17.53　首页原型界面设计

（2）首页结构设计如图 17.54 所示。

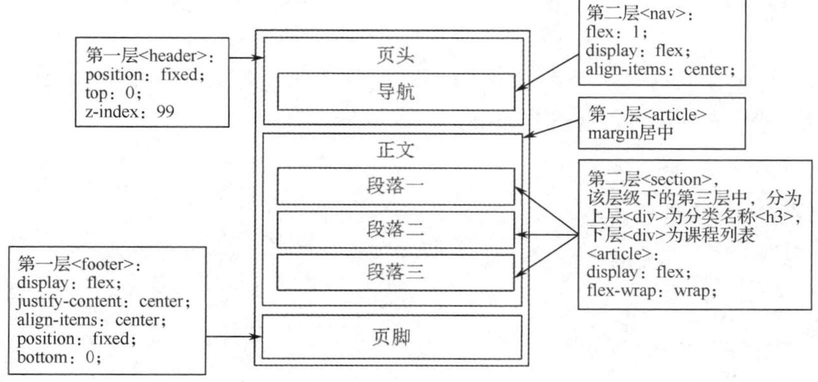

图 17.54　首页结构设计

17.9.3 实现

1. 编辑页头

（1）打开 index.html 文件，删除<header></header>双标签中原有的内容。

① 新增<header>标签 id 属性值为“topbar”。

```
<!DOCTYPE html>
<html>
    <head>
        <meta charset="utf-8" />
        <title>首页-在线视频课程网</title>
    </head>
    <body>
        <-- 页头 -->
        <header id="topbar" title="页头"></header>
        ……
    </body>
</html>
```

② 在 topbar 下，新增<nav>标签，class 属性值为“container”，作为页头所有导航内容。

③ 在 container 下，新增 LOGO 部分<div>标签内容，id 属性值为“top_picture”，title 全局属性值为“LOGO”。

④ 图片的 src 路径为“./img/logo.png”，图片文件存放在素材的 img 文件夹中。

```
<!-- 页头 -->
<header id="topbar" title="页头">
    <nav class="container">
        <!-- LOGO -->
        <div id="top_picture" title="LOGO">
            <img src="./img/logo.png"/>
        </div>
    </nav>
</header>
```

⑤ 在 LOGO 下，新增导航部分<nav>标签内容，class 属性值为“top_nav”，title 全局属性值为“导航”。

⑥ 在<nav>标签中，新增<ul>标签内容，超链接内容分别是“首页、发现、我的课程”。

⑦ 首页超链接 href 值为“index.html”。

```
<!-- 页头 -->
<header id="topbar" title="页头">
    <nav class="container">
        <!-- LOGO（代码省略） -->
        <!-- 导航 -->
        <nav class="top_nav" title="导航">
            <ul>
                <li><a href="index.html">首页</a></li>
```

```
                    <li><a href="#">发现</a></li>
                    <li><a href="#">我的课程</a></li>
                </ul>
            </nav>
        </nav>
    </header>
```

⑧ 在 container 内容下，新增搜索框部分<div>标签内容，class 属性值为“serach-bar”，title 全局属性值为“搜索框”。

⑨ 在 serach-bar 中，新增<input>文本框标签，type 类型为“text”。

⑩ 在 serach-bar 中，新增<img>搜索图片，src 路径为“img/Search.png”，图片文件存放在素材的 img 文件夹中。

```
<!-- 页头 -->
<header id="topbar" title="页头">
    <nav class="container">
        <!-- LOGO（代码省略） -->
        <!-- 导航（代码省略） -->
        <!-- 搜索框 -->
        <div class="serach-bar" title="搜索框">
            <input type="text">
            <img src="img/Search.png">
        </div>
    </nav>
</header>
```

⑪ 在搜索框 serach-bar 下，新增登录部分<div>标签内容。

⑫ <div>标签 class 属性值为“user”，title 全局属性值为“登录”。

⑬ 在登录 user 下，新增超链接<a>，href 值为“login.html”。

```
<!--页头 -->
<header id="topbar" title="页头">
    <nav class="container">
        <!-- LOGO（代码省略） -->
        <!-- 导航（代码省略） -->
        <!-- 搜索框（代码省略） -->
        <!-- 登录 -->
        <div class="user" title="登录">
            <a href="login.html">登录</a>
        </div>
    </nav>
</header>
```

⑭ 页面效果如图 17.55 所示。

（2）创建公共样式文件 common.css。

右击 css 文件夹，选择【新建】→【CSS 文件】，输入文件名“common.css”，如图 17.56 所示。

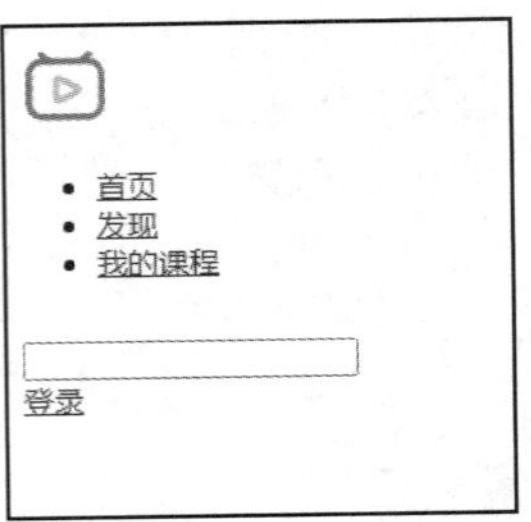

图 17.55　页面效果

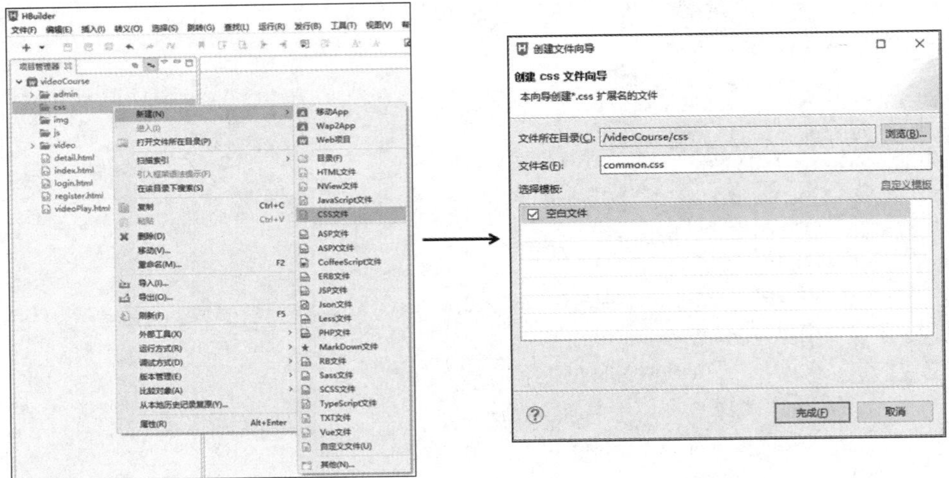

图 17.56　创建公共样式文件 common.css

（3）创建首页样式文件 index.css。

① 右击 css 文件夹，选择【新建】→【CSS 文件】，输入文件名“index.css”，如图 17.57 所示。

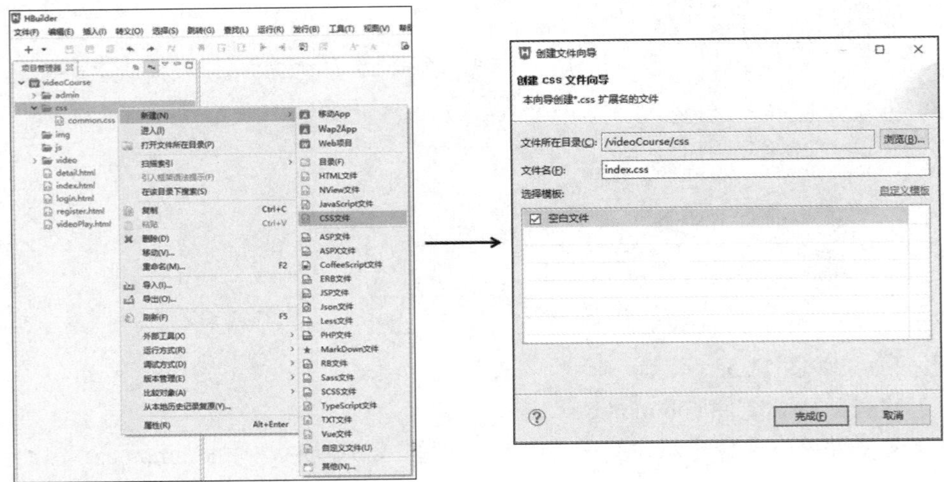

图 17.57　创建首页样式文件 index.css

② 在 index.html 文件中，新增<link>标签，引入外部公共样式文件 common.css 和首页样式文件 index.css。

```
<!DOCTYPE html>
<html>
    <head>
        <meta charset="utf-8" />
        <title>首页 - 在线视频课程网</title>
        <!-- 引入公共样式 -->
        <link rel="stylesheet" href="./css/common.css" />
        <!-- 引入首页样式 -->
        <link rel="stylesheet" href="./css/index.css" />
    </head>
    <body>
    <!-- 页头（代码省略）-->
    </body>
</html>
```

（4）编辑页头部分 css 代码。

① 在 common.css 文件中，设置公共样式。

```
/*页头文本公共样式*/
#topbar a{
    color: #fff;
    letter-spacing: 0.1em;
    height: 22px;
    line-height: 22px;
}
#topbar a:hover{
    color: grey;
}
body{
    padding: 0;
    margin: 0;
    background-color: #ECEDF2;
}
a{ text-decoration: none;}
input{ outline: none;}
a,input{ cursor: pointer;}
ul {
    list-style: none;
}
ul li{
    width: 90px;
}
```

② 在 common.css 文件中，设置 topbar 样式，设置 container 样式。

```
/* 页头 header */
```

```
#topbar{
        position: fixed;
        top: 0;
        z-index: 99;
        width: 100%;
        height:60px;
        background-color: #000;
}
/* 页头 nav*/
.container{
        flex: 1;
        display: flex;
        align-items: center;
        height: 60px;

}
```

③ 设置 top_picture 样式及其<img>标签样式。

```
/* LOGO */
#top_picture{
        height: 80px;
}
#top_picture img{
        width: 60px;
        height: 60px;
        margin: 10px   30px 5px 30px;

}
```

④ 设置 top_nav 样式，flex 为 1。
⑤ 在 top_nav 中<ul>标签样式为 flex 弹性布局。
⑥ 在 top_nav 中<li>标签样式为 inline-block 行内块。

```
/* 导航  */
.top_nav{
        flex: 1;
}
.top_nav ul{
        display: flex;
}
.to_nav li{
        display:inline-block;
        padding: 0 10px;

}
```

⑦ 在 common.css 文件中，设置页头<header>标签中搜索框部分 serach.bar 样式。

```
/* 搜索框*/
```

```
.serach-bar {
        flex: 1;
        position: relative;
        border: 1px solid #fff;
        height: 32px;

}
```

⑧ 在 serach-bar 中，设置<input>标签样式：绝对定位，宽度为 88%，边框隐藏，鼠标样式初始化。

```
.serach-bar input{
        position: absolute;
        left: 2%;
        width: 88%;
        line-height: 32px;
        border: none;
        background: rgba(255, 255, 255, 0);
        color: #FFFFFF;
        cursor: initial;
outline: none;

}
```

⑨ 在 serach-bar 中，设置<img>标签样式：绝对定位。

```
.serach-bar img{
        position: absolute;
        right: 5px;
}
```

⑩ 设置页头<header>标签中登录部分 user 样式：flex 为 1。

⑪ 设置 user 中，<a>标签样式为块级元素。

```
/* 登录 */
.user {
        flex: 1;
}
.user a{
        margin: 0 0 0 75%;
        border: 1px solid #fff;
        padding: 5px 0px;
        display: block;
        width: 100px;
        text-align: center;
}
```

⑫ 页头部分页面效果如图 17.58 所示。

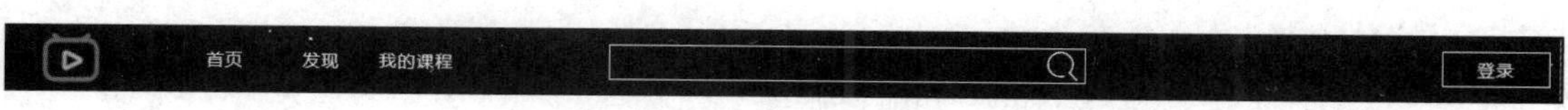

图 17.58　页头部分页面效果

2. 编辑 article 部分

（1）编辑正文。

① 删除正文<article>标签内所有内容，在<article>标签中新增<section>三个段落。

② 三个<section>内每个段落包含三门课程信息。

③ 每个<section>内，class 属性值都为“fictionBox”，全局属性值分别为“前端课程”“后端课程”“大数据课程”。

```
<!-- 正文 -->
<article class="artc_box" title="正文">
        <section class="fictionBox" title="前端课程"></section>
        <section class="fictionBox" title="后端课程"></section>
        <section class="fictionBox" title="大数据课程"></section>
</article>
```

④ 每个<section>段落标签中都添加一个<h3>标签，说明课程分类名。

⑤ <h3>标签 class 属性值都为“artc_title”，全局属性 title 值都为“课程分类名”。

⑥ <h3>标签中文本分别输入“前端”“后端”和“大数据”。

```
<article class="artc_box" title="正文"><!-- 正文 -->
        <section class="fictionBox" title="前端课程">
                <h3 class="artc_title" title="课程分类名">前端</h3>
        </section>
        <section class="fictionBox" title="后端课程">
                <h3 class="artc_title" title="课程分类名">后端</h3>
        </section>
        <section class="fictionBox" title="大数据课程">
                <h3 class="artc_title" title="课程分类名">大数据</h3>
        </section>
</article>
```

页面效果如图 17.59 所示。

图 17.59 页面效果

⑦ 在<section>标签段落中的<h3>标签后，添加<div>标签，作为课程图文信息的层。

⑧ 该<div>标签中，class 属性值都为“arc_art”。

```
<article class="artc_box" title="正文"><!-- 正文 -->
        <section class="fictionBox" title="前端课程">
                <h3 class="artc_title" title="课程分类名">前端</h3>
                <div class="atc_art"></div>
        </section>
        <section class="fictionBox" title="后端课程">
                <h3 class="artc_title" title="课程分类名">后端</h3>
```

```
        <div class="atc_art"></div>
    </section>
    <section class="fictionBox" title="大数据课程">
        <h3 class="artc_title" title="课程分类名">大数据</h3>
        <div class="atc_art"></div>
    </section>
</article>
```

⑨ 在前端<h3>下的 artc_title 后，添加<a>超链接标签，作为课程图文跳转超链接。

```
<h3 class="artc_title" title="课程分类名">前端</h3>
<div class="atc_art">
    <!-- 网页设计与制作实践 -->
    <a href="detail.html"></a>
    <!-- 计算机网络技术与应用实践 -->
    <!-- HTML5 设计实践 -->
</div>
```

⑩ 在<a>超链接中，添加<article>，作为课程图文信息标签，添加 title 全局属性值为“网页设计与制作”。

```
<h3 class="artc_title" title="课程分类名">前端</h3>
<div class="atc_art">
    <!-- 网页设计与制作实践 -->
    <a href="detail.html">
        <article title="网页设计与制作实践"></article>
    </a>
    <!--计算机网络技术与应用实践-->
    <!-- HTML5 设计实践-->
</div>
```

⑪ 在<article>中，添加<div>标签，class 属性值为“fictionImg”，作为课程图文信息封面。
⑫ 图片素材文件存放在素材的 img 文件夹中。
⑬ 图片的 src 路径为“./img/course/1.png”。

```
<h3 class="artc_title" title="课程分类名">前端</h3>
<div class="atc_art">
    <!-- 网页设计与制作实践 -->
    <a href="detail.html">
        <article title="网页设计与制作实践">
            <!-- 封面 -->
            <div class="fictionImg">
                <img src="./img/course/1.png" alt="网页设计与制作实践"/>
            </div>
        </article>
    </a>
    <!-- 计算机网络技术与应用实践 -->
    <!-- HTML5 设计实践 -->
</div>
```

⑭ 在 fictionImg 下，添加<div>标签，class 属性值为“fictionInfo”，作为课程图文信息课程名和点击量标签。

⑮ 在 fictionInfo 下新建<h3>，作为课程名称标签。

⑯ 在<h3>下，新建<small>增强标签，class 属性值为“fictionTip”，作为课程点击量标签。

```
……
<article title="网页设计与制作实践">
        <!-- 封面（代码省略）-->
        <!-- 课程名和点击量-->
        <div class="fictionInfo">
                <!-- 课程名字 -->
                <h3>网页设计与制作实践</h3>
                <!-- 课程点击量 -->
                <small class="fictionTip">1123</small>
        </div>
</article>
……
```

页面效果如图 17.60 所示。

图 17.60　页面效果

⑰ 复制<a>标签中所有内容，课程名更改为“计算机网络技术与应用实践”，封面为“./img/course/2.png”。

```
<h3 class="artc_title" title="课程分类名">前端</h3>
<div class="atc_art">
        <!-- 网页设计与制作实践（代码省略） -->
        <!-- 计算机网络技术与应用实践 -->
        <a href="detail.html">
                <article title="计算机网络技术与应用实践">
                        <div class="fictionImg">
                                <img src="./img/course/2.png" alt="计算机网络技术与应用实践"/>
                        </div>
                        <div class="fictionInfo">
                                <!-- 课程名字 -->
                                <h3>计算机网络技术与应用实践</h3>
                                        <!-- 课程点击量 -->
                                <small class="fictionTip">
```

```
                    1123
                </small>
            </div>
        </article>
    </a>
    <!-- HTML5 设计实践 -->
</div>
```

⑱ 复制<a>标签中所有内容，课程名更改为“HTML5 设计实践”，封面为“./img/course/3.png”。

```
<h3 class="artc_title" title="课程分类名">前端</h3>
<div class="atc_art">
    <!-- 网页设计与制作实践（代码省略） -->
    <!-- 计算机网络技术与应用实践（代码省略） -->
    <!-- HTML5 设计实践 -->
    <a href="detail.html">
        <article title="HTML5 设计实践">
            <div class="fictionImg">
                <img src="./img/course/3.png" alt="HTML5 设计实践"/>
            </div>
            <div class="fictionInfo">
                <!-- 课程名字 -->
                <h3>HTML5 设计实践</h3>
                <!-- 课程点击量 -->
                <small class="fictionTip">
                    1123
                </small>
            </div>
        </article>
    </a>
</div>
```

⑲ 运行代码，页面效果如图 17.61 所示。

图 17.61　页面效果

（2）打开 index.css，编辑样式。

① 设置正文<article>的 artc_box 样式。

② 设置<section>课程列表的 fictionBox 样式。

```
/* 课程列表 */
.artc_box{
    margin: 80px auto 162px auto;
    width: 80%;
}
.fictionBox{
padding: 22px 26px 0px 30px;
    margin-top: 10px;
    background-color: #FFFFFF;
}
```

③ 设置<section>段落内课程分类<h3>样式。

```
/* 图文信息标题 */
.fictionBox .artc_title{
    line-height: 0;
    margin-left: 15px;
}
```

④ 设置<section>段落内 atc_art 样式：弹性布局，不换行。

```
/*每个图文*/
.atc_art{
    display: flex;
        justify-content: space-around;
    flex-wrap: nowrap;
    margin: 0 0 0 16px;
}
```

⑤ 设置<section>fictionBox 段落内<article>样式。

```
/* 图文信息 */
.fictionBox article{
    color: #333333;
    margin: 5px 23px 0 0;
}
```

⑥ 设置<section>段落内课程图片 fictionImg 样式。

```
/* 课程图片 */
.fictionImg{
    width: 290px;
    height: 170px;
}
.fictionImg img{
    max-width: 100%;
}
```

⑦ 设置<section>段落内课程点击量 fictionTip 样式。

```
/* 点击量 */
.fictionTip{
    font-size: 13px;
    color:#555555;
}
```

页面效果如图 17.62 所示。

图 17.62　页面效果

⑧ 复制分类为前端课程的<section>标签内容，作为第二、三个<section>段落的内容。

⑨ 第二个<section>段落内课程名分别更改为“Java 程序设计实践”“Java IO 流从入门到精通”“c 语言程序设计实践”。封面图片分别为 4.png、5.png、6.png。

```
<section class="fictionBox" title="后端课程">
    <h3 class="artc_title" title="课程分类名">后端</h3>
    <div class="atc_art">
        <!-- Java 程序设计实践 -->
        <a href="detail.html"><!-- 课程图文信息代码省略 --></a>
        <!-- Java IO 流从入门到精通 -->
        <a href="detail.html"><!-- 课程图文信息代码省略 --></a>
        <!-- c 语言程序设计实践 -->
        <a href="detail.html"><!-- 课程图文信息代码省略 --></a>
    </div>
</section>
```

⑩ 第三个<section>段落内课程名分别更改为“数据库入门基础教程——MFC 基础知识篇”“Oracle 数据库基础教程”“数据结构实验视频解析”。封面图片分别为 7.png、8.png、9.png。

```
<section class="fictionBox" title="大数据课程">
    <h3 class="artc_title" title="课程分类名">大数据</h3>
    <div class="atc_art">
        <!-- 数据库入门基础教程——MFC 基础知识篇 -->
        <a href="detail.html"><!-- 课程图文信息代码省略 --></a>
        <!-- Oracle 数据库基础教程 -->
        <a href="detail.html"><!-- 课程图文信息代码省略 --></a>
```

```
            <!-- 数据结构实验视频解析 -->
            <a href="detail.html"><!-- 课程图文信息代码省略 --></a>
        </div>
</section>
```

3. 页面效果

正文部分页面效果如图 17.63 所示。

图 17.63　正文部分页面效果

4. 编辑 footer 部分

编辑页脚。

① 删除<footer></footer>双标签中原有的内容。

② 新增<header>标签 id 属性值为 bottom。

```
<!-- 页脚 -->
<footer id="bottom" title="页脚"></footer>
```

③ 在 bottom 中新增 class 属性值为“left”的<div>标签内容，作为服务信息。

```
<!-- 页脚 -->
<footer id="bottom" title="页脚">
    <div class="left">
        <a href="javascript:;">服务条款</a>
        <a href="javascript:;">隐私策略</a>
        <a href="javascript:;">广告服务</a>
        <a href="javascript:;">客服中心</a>
    </div>
</footer>
```

④ 在 left 下新增 class 属性值为“right”的<div>标签内容，作为版权信息。

```
<!-- 页脚 -->
<footer id="bottom" title="页脚">
```

```
    ……
    <div class="right">
        <p> Copyright@××× <a href="#wrapper">返回顶部</a></p>
    </div>
</footer>
```

⑤ 在 common.css 文件中，添加页脚样式。

```
/* 页脚 */
#bottom{
    width: 100%;
    height:60px;
    position: fixed;
    bottom: 0;
    background-color: #000;
    text-align: center;
    display: flex;
    justify-content: center;
    align-items: center;
}
.left a{
    padding: 0 10px;
}
/* 这是底部导航 a 标签右侧画竖线 */
.left a:not(:last-child) {
    border-right: 1px #fff solid;
}
/*页脚文本公共样式*/
#bottom a,#bottom p{
    color: #fff;
    letter-spacing: 0.1em;
    height: 22px;
    line-height: 22px;
}
#bottom a:hover{
    color: grey;
}
```

⑥ 页脚部分页面效果如图 17.64 所示。

服务条款 | 隐私策略 | 广告服务 | 客服中心 Copyright@xxx 返回顶部

图 17.64 页脚部分页面效果

5. 运行效果

页面效果如图 17.65 所示。

图 17.65　页面效果图

17.10　第二阶段 CSS3：用户注册

17.10.1　功能简介

（1）完成“在线视频课程网”videoCourse 项目的注册页面。

（2）注册页面分为正文、页脚两个部分，页面效果如图 17.66 所示。

① 正文分为注册标签、form 表单。

② form 表单包括用户名、密码、确认密码和“注册”按钮四部分。

③ 页脚为版权声明。

图 17.66　页面效果

17.10.2　设计思路

（1）用户注册页面原型界面设计如图 17.67 所示。

（2）用户注册页面结构设计如图 17.68 所示。

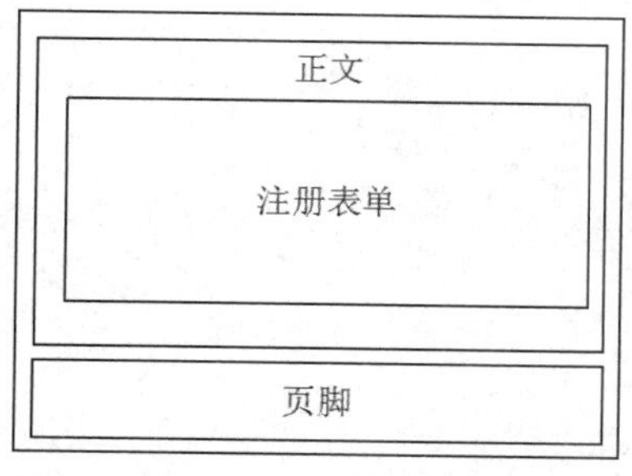

图 17.67　用户注册页面原型界面设计

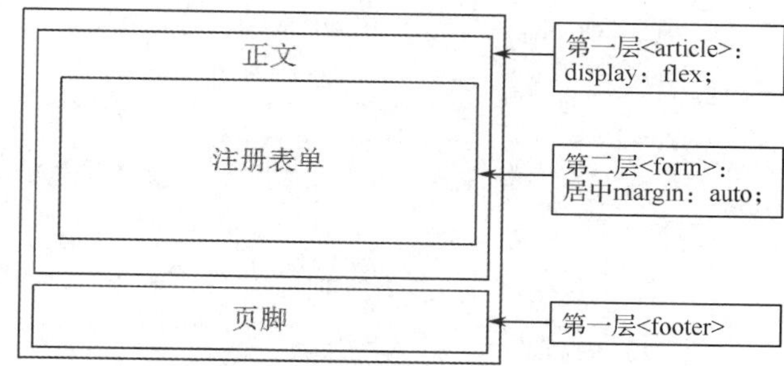

图 17.68　用户注册页面结构设计

17.10.3　实现

1. 编辑正文

（1）创建 form.css 文件。

右击 css 目录，选择【新建】→【CSS 文件】，输入文件名“form.css”，如图 17.69 所示。

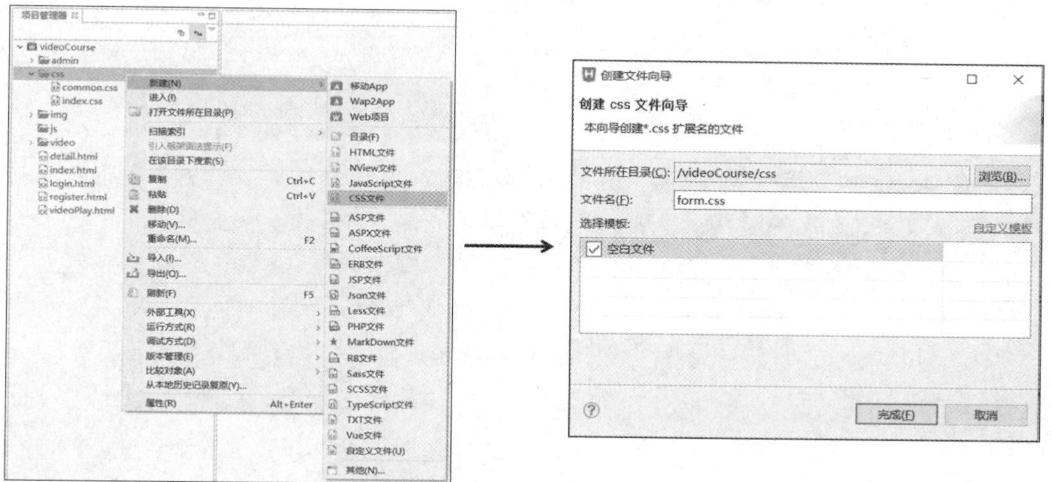

图 17.69　创建 form.css 文件

（2）打开 register.html，新增<link>标签引入 css 目录中的 form.css 文件。

（3）新增<link>标签引入 css 目录中的公共 common.css 文件。

```
<head>
    <meta charset="UTF-8">
    <title>用户注册 - 在线视频课程网</title>
    <link rel="stylesheet" href="./css/common.css"/>
```

```
    <link rel="stylesheet" href="./css/form.css"/>
</head>
```

（4）打开 register.html 文件，删除<article>中的原有内容，删除<article>标签后<hr/>水平线标签。

（5）在<article>内新增 class 属性值为“container”。

（6）在<article>中新增<form>标签表示注册表单内容。

```
<!-- 正文 -->
<article class="container" title="正文">
    <form action="" method="post" title="注册表单"></form>
</article>
```

（7）打开 form.css，新增<article>样式：正文居中展示。

```
/* 正文居中展示 */
article{
    margin:100px auto;


}
```

（8）新增<form>表单标签样式。

```
/* 登录表单 */
form {
    border-width: 1px;
    border: 1px solid lightgrey;
    padding: 20px 50px 50px 50px;
    margin: auto;
    background: #fff;
}
```

（9）在<form>内新增<h2>标签，在<h2>标签内输入文本“注册”，作为表单标题说明。

```
<form action="" method="post" title="注册表单">
    <h2>注 册</h2>
</form>
```

（10）在 form.css 文件中，新增<h2>标签样式：文本居中，文字大小 25px。

```
/* form 表单 h2 标题*/
form h2{
    text-align: center;
    font-size:25px;
}
```

（11）在<form>内，<h2>标签下，新增用户名文本和<input>标签。

① 设置<input>标签 type 属性类型为“text”。

② 设置<input>标签 required 属性，表示该文本框输入值不能为空。

```
<form action="" method="post" title="注册表单">
    <h2>注 册</h2>
```

```
        <div>
            <label>用户名：</label>
            <input type="text" name="account" placeholder="请输入用户名" required="required"/>
        </div>
    </form>
```

（12）在<form>内，用户名下，新增密码文本和<input>标签。

① 设置<input>标签 type 属性类型为“password”。

② 设置<input>标签 required 属性，表示该文本框输入值不能为空。

```
<form action="" method="post" title="注册表单">
    ……
    <div>
        <label>密  码：</label>
        <input type="password" name="password" placeholder="请输入密码" required="required"/>
    </div>
</form>
```

（13）在<form>内，用户名下，新增确认密码文本和<input>标签。

① 设置<input>标签 type 属性类型为“password”。

② 设置<input>标签 required 属性，表示该文本框输入值不能为空。

```
<form action="" method="post" title="注册表单">
    ……
    <div>
        <label>确认密码：</label>
        <input type="password" name="password" placeholder="请输入确认密码" required="required"/>
    </div>
</form>
```

（14）在<form>内，密码下，新增登录链接标签。

（15）设置登录超链接<a>标签的 href 属性值为“login.html”。

```
<form action="" method="post" title="注册表单">
    ……
    <div>
        <label><a href="login.html">登录</a></label>
    </div>
</form>
```

（16）打开 login.html，设置“注册”<a>超链接标签的 href 属性值为“register.html”。

```
<form action="" method="post" title="登录表单">
    ……
    <div>
        <label><a href="register.html">注册</a></label>
    </div>
</form>
```

（17）在<form>内，注册标签下，新增注册<input>标签，作为表单提交按钮。

```
<form action="" method="post" title="注册表单">
    ……
    <input type="submit" value="注 册"/>
</form>
```

（18）新增<form>中<div>标签样式：外边距 10px。

```
/* form 表单 div 标签 */
form div{
    margin:10px;
}
```

（19）新增<form>中<label>标签样式：行内块。

```
/* form 表单 label 标签 */
label{
    display:inline-block;
    width: 50%;
    margin-bottom: 5px;

}
```

（20）新增<form>中<input>标签输入框样式。

```
/* form 表单 input 输入框 */
input {
    padding: 10px;
    border: 1px solid #D6D8DB;
    width: 90%;
}
```

（21）新增<form>中<input>标签提交按钮样式。

```
/* form 表单提交按钮 */
input[type="submit"] {
    padding: 10px;
    border: none;
    color: white;
    width: 100%;
    background.color: #03BD52;
}
```

（22）新增<form>中注册超链接样式。

```
/* 注册超链接 */
label a{
    font-size: 12px;
}
```

（23）正文页面效果如图 17.70 所示。

2. 编辑页脚

（1）复制首页（index.html）文件页脚代码，覆盖 login.html 中<footer>页脚中的代码。

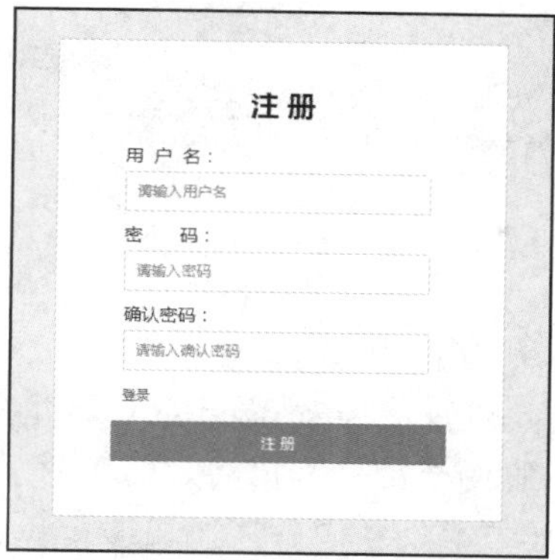

图 17.70　正文页面效果

```
<!-- 页脚 -->
<footer id="bottom" title="页脚">
    <div class="left">
        <a href="javascript:;">服务条款</a>
        <a href="javascript:;">隐私策略</a>
        <a href="javascript:;">广告服务</a>
        <a href="javascript:;">客服中心</a>
    </div>
    <div class="right">
        <p> Copyright@××× <a href="#wrapper">返回顶部</a></p>
    </div>
</footer>
```

（2）页脚部分页面效果如图 17.71 所示。

服务条款 | 隐私策略 | 广告服务 | 客服中心 Copyright@xxx 返回顶部

图 17.71　页脚部分页面效果

3. 运行效果

页面效果如图 17.72 所示。

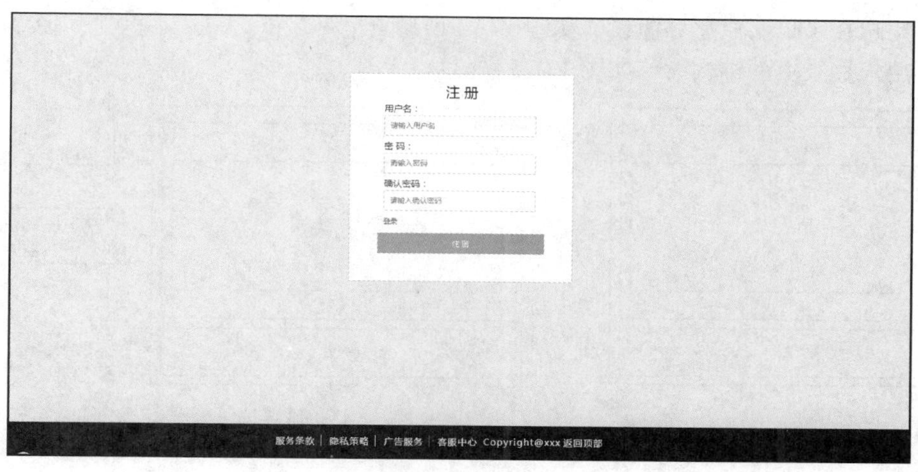

图 17.72　页面效果

17.11 第二阶段 CSS3：用户登录

17.11.1 功能简介

（1）完成“在线视频课程网”videoCourse 项目的登录页面。

（2）登录页面分为正文、页脚两个部分，页面效果如图 17.73 所示。

① 正文是登录表单，包括用户名、密码、注册超链接和“登录”按钮。

② 页脚为版权声明。

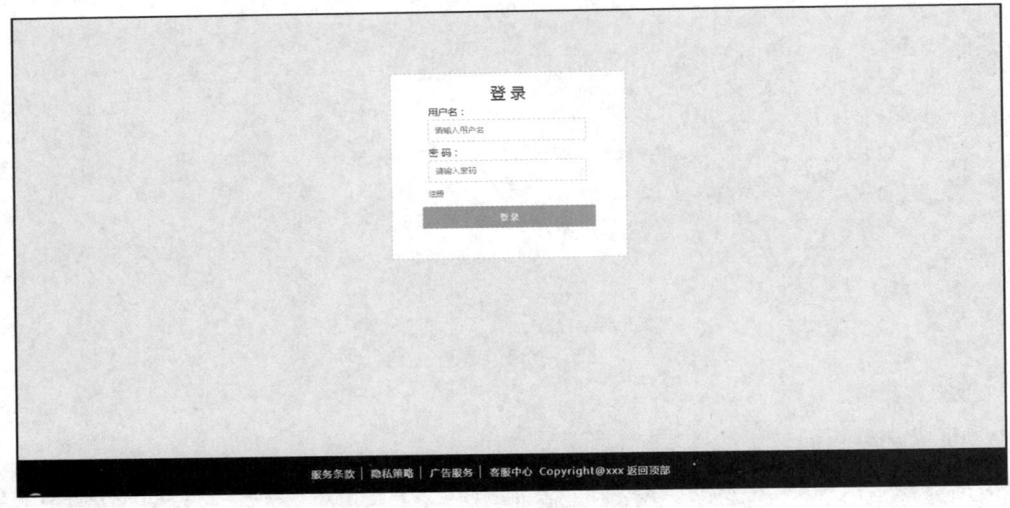

图 17.73 登录页面效果

17.11.2 设计思路

（1）用户登录页面原型界面设计如图 17.74 所示。

（2）用户登录页面结构设计如图 17.75 所示。

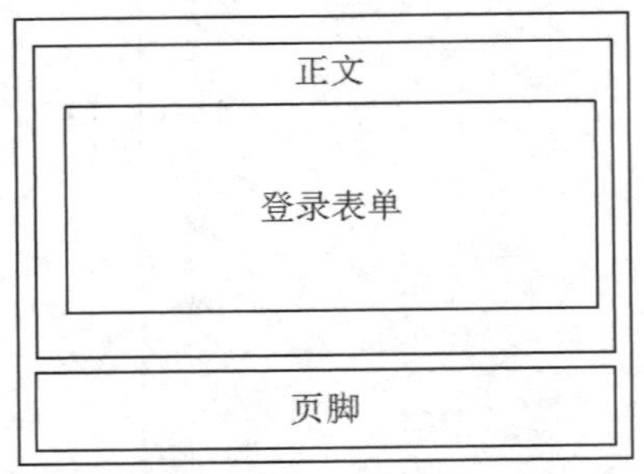

图 17.74 用户登录页面原型界面设计

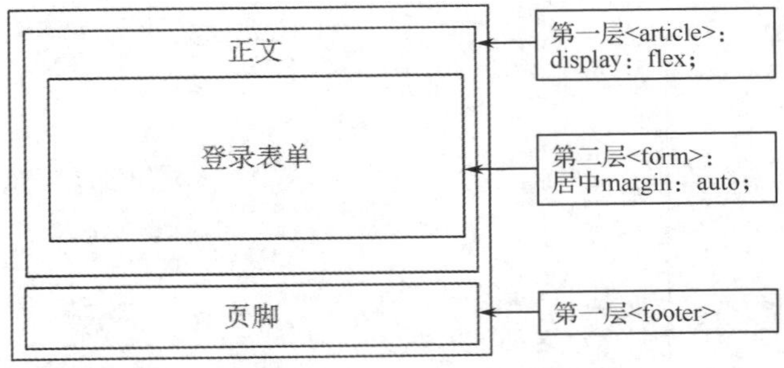

图 17.75 用户登录页面结构设计

17.11.3 实现

1. 编辑正文

（1）打开 login.html，新增<link>标签引入 css 目录中的 form.css 文件。

（2）新增<link>标签引入 css 目录中的公共 common.css 文件。

```
<head>
    <meta charset="UTF-8">
    <title>用户登录 - 在线视频课程网</title>
    <link rel="stylesheet" href="./css/common.css"/>
    <link rel="stylesheet" href="./css/form.css"/>
</head>
```

（3）打开 login.html 文件，删除<article> 中原有内容，删除<article>标签后<hr/>水平线标签。

① 在<article>内新增 class 属性值为“container”。

② 在<article>中新增<form>标签，表示登录表单内容。

```
<!-- 正文 -->
<article class="container" title="正文">
    <form action="" method="post" title="登录表单"></form>
</article>
```

（4）打开 form.css，新增<article>样式：正文居中展示。

```
/* 正文居中展示 */
article{
    margin:100px auto;
}
```

（5）在<form>内新增<h2>标签，在<h2>标签内输入文本“登录”，作为表单标题说明。

```
<form action="" method="post" title="登录表单">
    <h2>登 录</h2>
</form>
```

（6）在<form>内，<h2>标签下，新增用户名文本和<input>标签。

① 设置<input>标签 type 属性类型为“text”。

② 设置<input>标签 required 属性，表示该文本框输入值不能为空。

```
<form action="" method="post" title="登录表单">
    <h2>登 录</h2>
    <div>
        <label>用户名：</label>
        <input type="text" name="account" placeholder="请输入用户名" required="required"/>
    </div>
</form>
```

（7）在<form>内，用户名下，新增密码文本和<input>标签。

① 设置<input>标签 type 属性类型为“password”。

② 设置<input>标签 required 属性，表示该文本框输入值不能为空。

```
<form action="" method="post" title="登录表单">
    ……
    <div>
        <label>密  码：</label>
        <input type="password" name="password" placeholder="请输入密码" required="required"/>
    </div>
</form>
```

（8）在<form>内，密码下，新增注册链接标签。

```
<form action="" method="post" title="登录表单">
    ……
    <div>
        <label><a href="">注册</a></label>
    </div>
</form>
```

（9）在<form>内，登录标签下，新增登录<input>标签，作为表单提交按钮。登录<input>标签的 type 属性值为“submit”，value 属性值为“登录”。

```
<form action="" method="post" title="登录表单">
    ……
    <input type="submit" value="登  录"/>
</form>
```

（10）正文页面效果如图 17.76 所示。

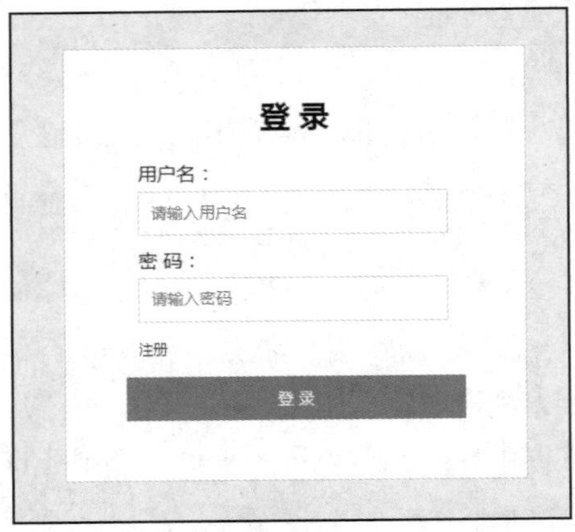

图 17.76　正文页面效果

2. 编辑页脚

（1）复制首页（index.html）文件页脚代码，覆盖 login.html 中<footer>页脚中代码。

```
<!-- 页脚 -->
<footer id="bottom" title="页脚">
    <div class="left">
```

```
            <a href="javascript:;">服务条款</a>
            <a href="javascript:;">隐私策略</a>
            <a href="javascript:;">广告服务</a>
            <a href="javascript:;">客服中心</a>
        </div>
        <div class="right">
            <p> Copyright@××× <a href="#wrapper">返回顶部</a></p>
        </div>
</footer>
```

（2）页脚页面效果如图 17.77 所示。

服务条款 | 隐私策略 | 广告服务 | 客服中心 Copyright@xxx 返回顶部

图 17.77 页脚效果

3. 运行效果

页面效果如图 17.78 所示。

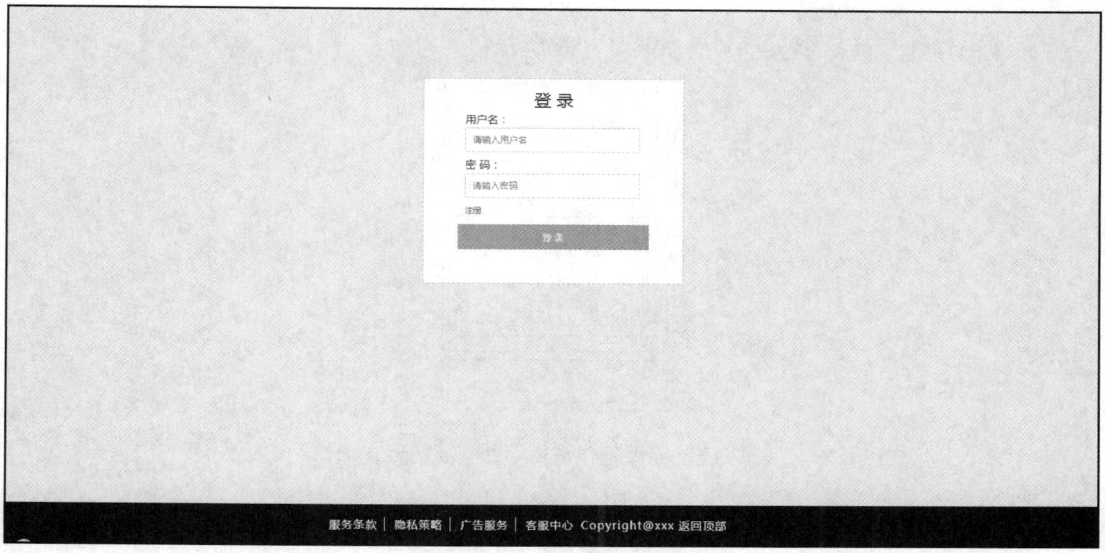

登录
用户名：
请输入用户名
密码：
请输入密码
注册
登录
服务条款 | 隐私策略 | 广告服务 | 客服中心 Copyright@xxx 返回顶部

图 17.78 页面效果

17.12 第二阶段 CSS3：课程详情

17.12.1 功能简介

（1）完成“在线视频课程网”videoCourse 项目课程详情页面的课程介绍部分。

（2）课程详情页面的课程介绍部分分为页头、正文课程介绍两部分，页面效果如图 17.79 所示。

① 正文课程介绍部分，分为左侧课程封面、右侧课程信息文本介绍两部分。

② 右侧信息文本分为课程名称、分类、授课老师、课时及“开始学习”按钮。其中课程名称、分类、授课老师、课时、“开始学习”按钮分三行展示。

图 17.79　课程详情页面效果图

17.12.2　设计思路

（1）课程详情页面原型界面设计如图 17.80 所示。

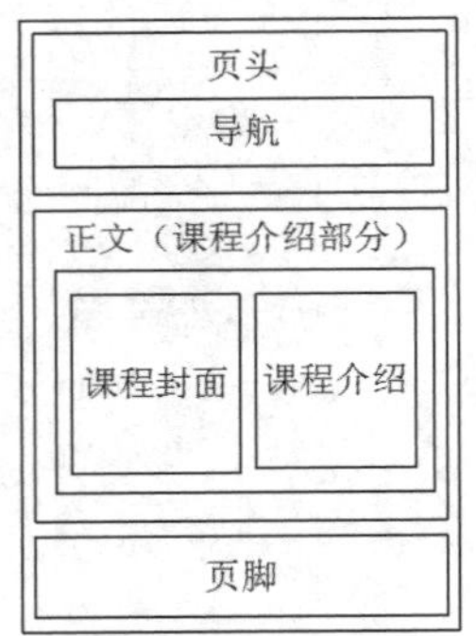

图 17.80　课程详情页面原型界面设计

（2）课程详情页面结构设计如图 17.81 所示。

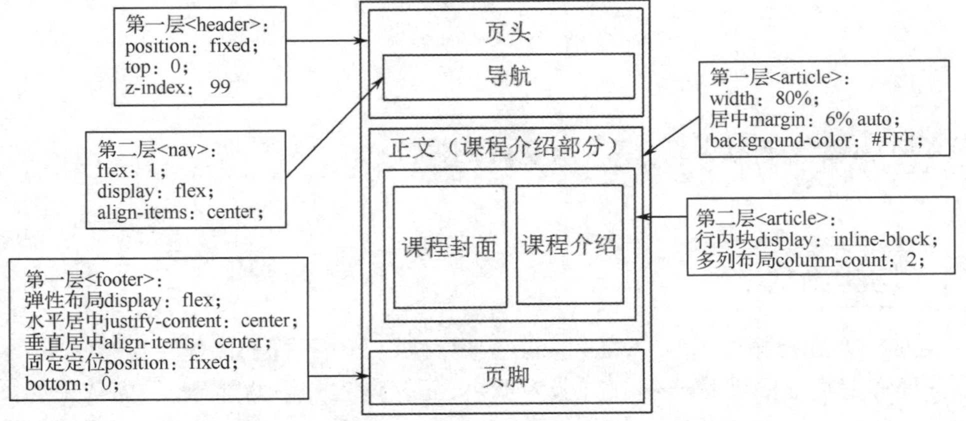

图 17.81　课程详情页面结构设计

17.12.3　实现

1. 编辑页头

（1）打开 detail.html 文件，删除<header></header>双标签中的原有内容。

（2）复制首页（index.html）<header></header>中所有代码，粘贴覆盖在 detail.html 文件<header></header>双标签中。

```
<body>
        <!-- 页头 -->
<header id="topbar" title="页头">
        <nav class="container">
                <!-- LOGO（代码省略） -->
                <!-- 导航（代码省略） -->
                        <!-- 搜索框（代码省略） -->
                        <!-- 登录（代码省略） -->
        </nav>
</header>
</body>
```

2. 创建 course_detail.css 文件

（1）右击 css 目录，选择【新建】→【CSS 文件】，输入文件名“course_detail.css”，如图 17.82 所示。

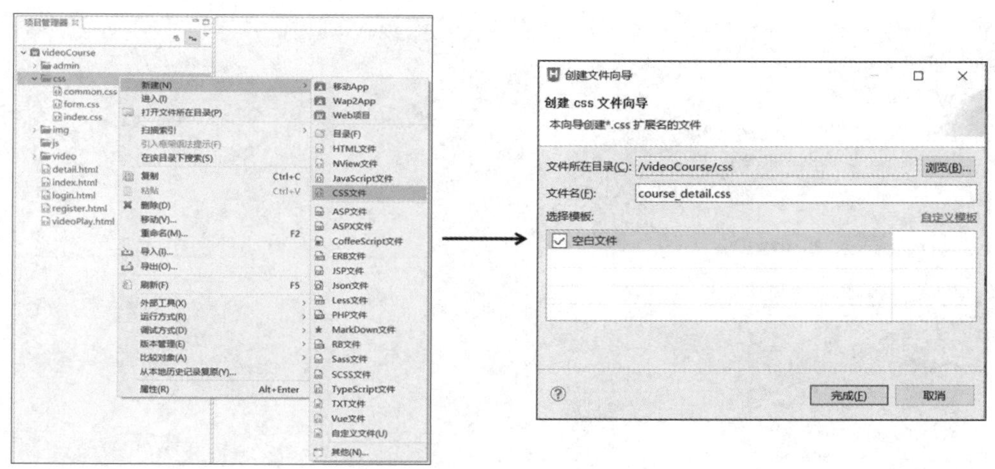

图 17.82　创建 course_detail.css 文件

（2）打开 detial.html，引入 course_detail.css 课程详情样式文件和公共 common.css 文件。

```
<head>
        <meta charset="utf-8">
        <title>课程详情 - 在线视频课程网</title>
        <!-- 引入公共样式 -->
        <link rel="stylesheet" href="./css/common.css" />
        <!-- 引入课程详情样式 -->
```

```
    <link rel="stylesheet" href="./css/course_detail.css" />
</head>
```

（3）页头页面效果如图 17.83 所示。

图 17.83　页头页面效果

3. 编辑正文

（1）删除正文中全局属性 title 值为“正文”的<article></article>标签中的所有内容。

（2）设置<article>的 class 属性值为“ course_box”。

（3）在<article>内新增一个<article>，设置 class 属性值为“detail_course”，用来作为正文的课程介绍部分。

```
<body>
    ……
    <!-- 正文 -->
    <article class="course_box" title="正文">
        <!-- 课程介绍 -->
        <article class="detail_course"></article>
    </article>
</body>
```

（4）打开 course_detail.css，添加 course_box 样式：居中，宽度 80%。

```
/* 课程详情 */
.course_box{
    width: 80%;
    margin:6% auto;
    background-color: #FFFFFF;
}
```

（5）添加 detail_course 样式：行内块，宽度 90%。

```
/* 课程详情介绍 */
.detail_course{
    display: inline-block;
    margin: 20px 6% 2% 6%;
    width: 90%;
    column-count:2;
    min-height: 300px;
    height: 330px;
}
```

4. 新增封面

（1）在 detail_course 下新增封面标签内容。

（2）封面图片 src 路径为“./img/course/1.1.png”。

（3）图片素材文件存放在素材的 img 文件夹中。

```
<!-- 课程介绍 -->
```

```
<article class="detail_course">
        <!-- 课程封面 -->
        <div class="detail_fictionImg">
                <img src="./img/course/1-1.png" alt="网页设计与制作实践" title="网页设计与制作实践"/>
        </div>
</article>
```

（4）新增 detail_fictionImg 样式：宽、高均 100%。

```
/* 课程详情封面 */
.detail_fictionImg{
        width: 100%;
        height: 100%;
}
.detail_fictionImg img{
        width: 100%;
        height: 100%;
}
```

5. 新增课程信息

（1）新增 detail_fictionInfo 课程信息样式。

```
<!-- 课程介绍 -->
<article class="detail_course">
        ……
        <!-- 课程信息 -->
        <div class="detail_fictionInfo"></div>
</article>
```

（2）新增 detail_fictionInfo 课程介绍样式。

```
/* 课程介绍 */
.detail_fictionInfo{
        width: 100%;
        margin-left: 20px;
}
```

（3）在 detail_fictionInfo 中新增课程基本信息标签。

（4）新增<h2>标签，标签中内容是课程名称。

```
<!-- 课程介绍 -->
<article class="detail_course">
        ……
        <!-- 课程信息 -->
        <div class="detail_fictionInfo">
                <!-- 课程名称 -->
                <h2>网页设计与制作实践</h2>
        </div>
</article>
```

（5）设置 detail_fictionInfo 下<h2>课程标题样式。

```
/* 课程标题 */
.detail_fictionInfo h2{
	padding-top: 17px;
	font-size: 25px;
	font-weight: 600;
}
```

（6）在<h2>标签下新增课程基本信息<div>标签，class 属性值为“detailed”。

```
<!-- 课程介绍 -->
<article class="detail_course">
	……
	<!-- 课程信息 -->
	<div class="detail_fictionInfo">
		……
		<!-- 课程基本信息 -->
		<div class="detailed"></div >
	</div>
</article>
```

（7）打开 course_detail.css 文件，设置 detailed 的样式：文本居中。

```
/* 课程详情 */
.detailed{
	margin-top: 30px;
	font-size:13px;
	text-align: center;
}
```

（8）在 detailed 下新增标签<ul>，作为课程基本信息。

（9）课程基本信息包括授课老师、分类、课时三部分，class 属性值为“tit”。

（10）对应值的 class 属性值为“tit_name”。

```
<div class="detailed"><!-- 课程基本信息 -->
	<ul>
		<li>
			<p class="tit">授课老师</p>
			<p class="tit_name">张三</p>
		</li>
		<li>
			<p class="tit">分类</p>
			<p class="tit_name">Web 开发技术</p>
		</li>
		<li>
			<p class="tit">课时</p>
			<p class="tit_name">10</p>
		</li>
	</ul>
</div>
```

（11）在 detailed 下设置<ul>标签样式：弹性布局，不换行。

```
.detailed ul{
        display: flex;
        flex-wrap: nowrap;
        border-bottom: 1px solid #EEEEEE;
           width: 80%;
}
.detailed ul li{
        width: 33.33%;;
}
.detailed ul li:not(:last-child) {
         border-right: 1px #EEEEEE solid;
         height: 80px;
}
```

（12）设置 tit 样式。

```
.tit{
        font-size:12px;
        color: #808080;
        padding-bottom:15px ;
}
```

（13）设置 tit_name 样式。

```
.detailed .tit_name{
        color:#2E2E2E;
}
```

（14）在 detailed 下，新增 class 属性值为“studyInfo”和“user_study”的<div>标签，作为“学习”按钮。

（15）单击“学习”按钮，超链接跳转至视频播放页 videoPlay.html。

```
<!-- 课程信息 -->
<div class="detail_fictionInfo">
            <!-- 课程名字（代码省略） -->
            <!-- 课程基本信息（代码省略） -->
<!-- "开始学习"按钮，跳转至视频播放页 -->
<div class="studyInfo">
        <div class="user_study">
                <a href="videoPlay.html">开始学习</a>
        </div>
</div>
</div>
```

（16）设置 studyInfo 和 user_study，以及 user_study 中超链接<a>的样式。

```
/* 学习按钮 */
.studyInfo{
height:154px
}
.user_study{
        color: white;
```

```
        width: 130px;
        line-height: 45px;
        text-align: center;
        background-color: #03BD52;
        cursor: pointer;
        position: relative;
       left: 0;
       top: 73%;
}
/* 学习按钮字体颜色 */
.user_study a{
color: #FFFFFF;
}
```

（17）正文页面效果如图 17.84 所示。

图 17.84　正文页面效果

6. 运行效果

页面运行效果如图 17.85 所示。

图 17.85　页面运行效果

17.13　第二阶段 CSS3：章节目录

17.13.1　功能简介

（1）完成“在线视频课程网”videoCourse 项目课程详情页面的章节目录部分。

（2）课程详情页面的章节目录部分，分为正文章节目录部分和页脚。

① 正文章节目录部分包括课程详情、课程目录、大家评价三个部分。

② 课程详情：标题和详情内容。

课程详情页面效果如图 17.86 所示。

图 17.86　课程详情页面效果

③ 课程目录：标题和列表内容。

④ 大家评价：标题和列表内容。

课程目录和大家评价页面效果如图 17.87 所示。

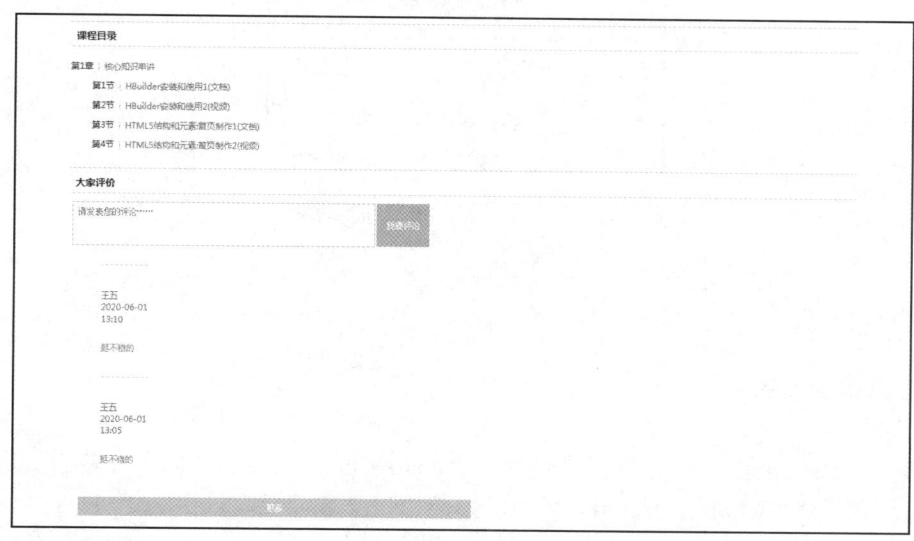

图 17.87　课程目录和大家评价页面效果

17.13.2　设计思路

（1）章节目录页面原型界面设计如图 17.88 所示。

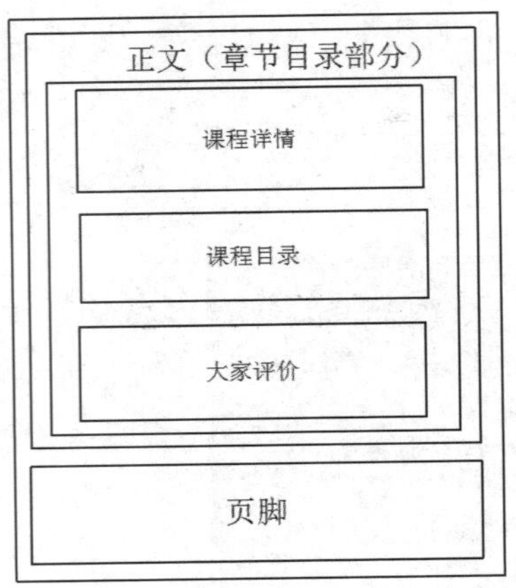

图 17.88　章节目录页面原型界面设计

（2）章节目录页面结构设计如图 17.89 所示。

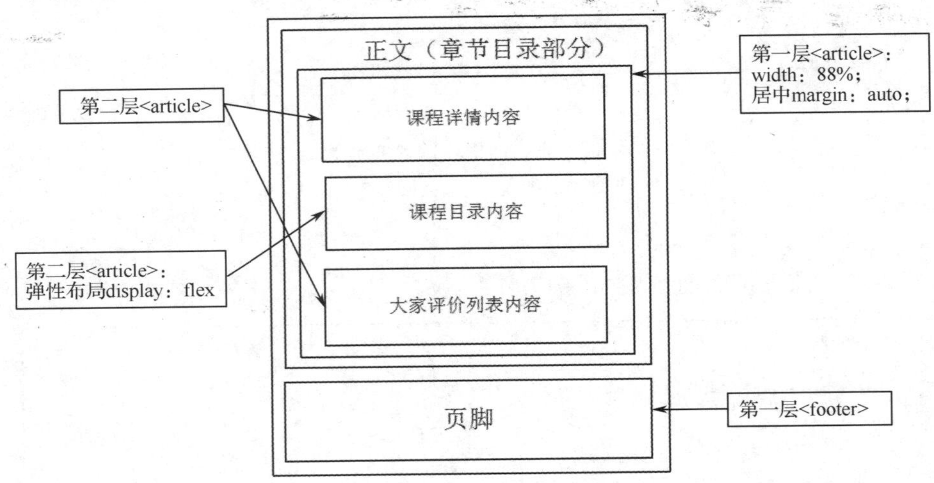

图 17.89　章节目录页面结构设计

17.13.3　实现

1. 编辑 article 部分

（1）编辑页头。

① 打开 detail.html 文件，在类属性值为“course_box”所在<article>标签后新增<article>标签，类属性值为“detail_nav”，title 全局属性值为“章节目录”。

```
<body>
    <!-- 页头（代码省略） -->
    <!-- 正文 -->
    <article class="course_box" title="正文">
        <!-- 课程介绍（代码省略） -->
        <!-- 章节目录 -->
```

```
        <article class="detail_nav" title="章节目录"></article>
    </article>
</body>
```

② 打开 course_detail.css 文件，设置 detail_nav 样式：宽度 88%，居中。

③ 设置 detail_nav 内<p>和<a>标签内的文本颜色为#666666。

```
/* 章节目录全局 */
.detail_nav{
    width: 88%;
    margin: auto;
}
.detail_nav a,p{
color: #666666;
}
```

（2）在类属性值为“detail_nav”的<article>标签内，新增课程详情内容<article>，title 全局属性值为“课程详情”。

```
<article class="detail_nav" title="章节目录">
<article title="课程详情">
</article>
</article>
```

① 在课程详情<article>中，新增课程详情标题标签<nav>，类属性值为“nav”。

② 在<nav>中新增<h3>，输入文本“课程详情”。

```
<article class="detail_nav" title="章节目录">
<article title="课程详情">
    <!-- 课程详情标题 -->
    <nav class="nav">
        <h3>课程详情</h3>
    </nav>
</article>
</article>
```

③ 打开 course_detail.css 文件，设置 nav 样式和其下<h3>标签样式。

```
/* 章节目录标题 */
.nav{
    height: 45px;
    line-height: 15px;
    border-top: 1px solid #dddfe1;
    border-bottom: 1px solid #dddfe1;
    margin:30px 0 10px 0;
    background-color: #fff;
}
.nav h3{
    margin-left: 10px;
}
```

④ 在课程详情标题标签<nav>下，新增课程详情内容<article>标签内容，类属性值为“content content_first”。

⑤ 在 content_first 内新增<p>标签，添加详情图片 src 路径分别为“./img/course/1-1-1.png”“./img/course/1-1-2.png”“./img/course/1-1-3.png”。

⑥ 图片素材文件存放在素材的 img 文件夹中。

```
<!-- 章节目录 -->
<article class="detail_nav" title="章节目录">
<article title="课程详情">
    <!-- 课程详情标题（代码省略） -->
    <!-- 课程详情内容 -->
    <article class="content">
        <p>
            <img src="./img/course/1-1-1.png"/>
            <img src="./img/course/1-1-2.png"/>
            <img src="./img/course/1-1-3.png"/>
        </p>
    </article>
</article>
</article>
```

⑦ 在 course_detail.css 中，设置 content 的样式。同时设置其下<a>、<p>和<img>标签样式。

```
/* 章节目录内容 */
.content a,p{
    color: #666;
}
.content img{
    width: 60%;
}
.content p{
    padding: 5px 0 10px 5px;
}
```

⑧ 课程详情页面效果如图 17.90 所示。

图 17.90　课程详情页面效果

⑨ 在课程详情<article></article>下，新增课程目录<article></article>，新增 title 全局属性值为“课程目录”。

```
<!-- 章节目录 -->
<article class="detail_nav" title="章节目录">
        <!-- 课程详情内容（代码省略） -->
        <article title="课程目录"></article>
</article>
```

⑩ 在课程目录<article>内，新增课程目录标题<nav>标签，类属性值为“nav”，作为课程目录标签。

⑪ 在 nav 中新增<h3>，输入文本“课程目录”。

```
<!-- 章节目录 -->
<article class="detail_nav" title="章节目录">
        <!-- 课程详情内容（代码省略）-->
        <article title="课程目录">
                <!-- 课程目录标题 -->
                <nav class="nav">
                        <h3>课程目录</h3>
                </nav>
        </article>
</article>
```

（3）在课程目录<nav></nav>标签下，新增<article>课程目录标签，title 全局属性值为“课程目录”，新增类属性值为“content content_idx”，作为课程目录内容标签。

```
<!-- 章节目录 -->
<article class="detail_nav" title="章节目录">
        <!-- 课程详情（代码省略） -->
        <article title="课程目录">
                <!-- 课程目录标题 -->
                <nav class="nav">
                        <h3>课程目录</h3>
                </nav>
                <!-- 课程目录内容 -->
                <article class="content content_idx"></article>
        </article>
</article>
```

在课程目录的<article>中，新增课程目录内容标签<dl></dl>。

```
<!-- 章节目录 -->
<article class="detail_nav" title="章节目录">
        <!-- 课程详情（代码省略） -->
        <article title="课程目录">
                <!-- 课程目录标题 -->
                <nav class="nav">
                        <h3>课程目录</h3>
                </nav>
```

```
        <!-- 课程目录内容 -->
        <article class="content content_idx"><dl></dl></article>
    </article>
</article>
```

（4）在<dl>标签中，新增<dt>标签，作为课程目录部分内容。

① 将<p>标签中<a>超链接标签内容的 href 值设置为“videoPlay.html”。

```
<dl>
    <dt>
        <span>第 1 章</span>
        <p>核心知识串讲</p>
    </dt>
    <dd>
        <span>第 1 节</span>
        <p><a href="videoPlay.html">HBuilder 安装和使用 1(文档)</a></p>
    </dd>
    <dd>
        <span>第 2 节</span>
        <p><a href="videoPlay.html">HBuilder 安装和使用 2(视频)</a></p>
    </dd>
    <dd>
        <span>第 3 节</span>
        <p><a href="videoPlay.html">HTML5 结构和元素:首页制作 1(文档)</a></p>
    </dd>
    <dd>
        <span>第 4 节</span>
        <p><a href="videoPlay.html">HTML5 结构和元素:首页制作 2(视频)</a></p>
    </dd>

</dl>
```

② 打开 course_detail.css，设置 content_idx 中<dt>、<dd>、<dl>中<p>标签的样式，<dt>、<dd>标签内容为弹性布局。

```
.content_idx dt,.content_idx dd{
    display: flex;
    height: 36px;
    line-height: 40px;
}
.content_idx dl p{
    line-height: 0;
    margin-left: 10px;
    padding-left: 10px;
    border-left: 1px solid #ccc;

}
```

③ 课程目录页面效果如图 17.91 所示。

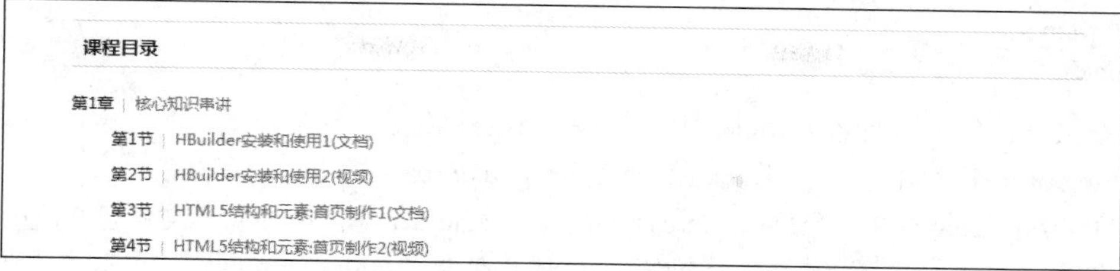

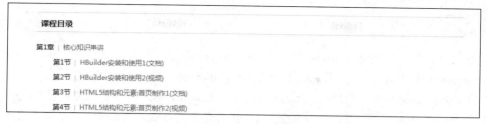

图 17.91　课程目录页面效果

（5）在课程详情<article></article>下，新增大家评价<article></article>，新增 title 全局属性值为“大家评价”。

```
<!-- 章节目录 -->
<article class="detail_nav" title="章节目录">
        <!-- 课程详情内容（代码省略） -->
        <!-- 课程目录内容（代码省略） -->
        <article title="大家评价"></article>
</article>
```

① 在课程目录<article>内，新增大家评价标题<nav>标签，类属性值为“nav”，作为大家评价的标签。

② 在 nav 中新增<h3>，输入文本“大家评价”。

```
<!-- 章节目录 -->
<article class="detail_nav" title="章节目录">
        <!-- 课程详情内容（代码省略） -->
        <!-- 课程目录内容（代码省略） -->
        <article title="大家评价">
                <!-- 大家评价标题 -->
                <nav class="nav">
                        <h3>大家评价</h3>
                </nav>
        </article>
</article>
```

③ 在课程目录<nav></nav>标签下，新增<article>大家评价内容标签，新增类属性值“content”，作为大家评价的内容标签。

```
<!-- 章节目录 -->
<article class="detail_nav" title="章节目录">
        <!-- 课程详情内容（代码省略） -->
        <!-- 课程目录内容（代码省略） -->
        <article title="大家评价">
                <!-- 大家评价标题 -->
                <nav class="nav">
                        <h3>大家评价</h3>
                </nav>
                <!-- 大家评价内容 -->
                <article class="content"></article>
```

```
        </article>
</article>
```

④ 在大家评价内容标签<article>中，新增<form>标签。

⑤ 在<form>标签中，新增类属性值为“form_textarea”的<div>标签。

⑥ 在 form_textarea 中，新增<textarea>标签，placeholder 属性值为“请发表您的评论……”。

⑦ 在 form_textarea 下，新增<a>标签，ID 属性值为“add_comment”，文本“我要评论”。

```
<!-- 大家评价内容 -->
<article class="content">
<!-- 评论框和按钮 -->
    <div class="comment_top">
        <form action="" method="post">
            <div class="form_textarea">
                <textarea name="" placeholder="请发表您的评论……"></textarea>
            </div>
            <a href="javascript:void(0)" id="add_comment">我要评论</a>
        </form>
    </div>
</article>
```

⑧ 打开 course_detail.css，设置 comment_top.form_textarea 样式及 comment_top 下的<form>标签弹性布局，<textarea>标签、<a>标签为行内块布局样式。

```
/* 大家评价的评论框和按钮*/
.comment_top{
    width: 60%;
    padding: 5px;
}
.form_textarea{
    border: 1px solid #ccc;
    width: 84%;
    height: 80px;
}
.comment_top textarea{
    border: #fff;
    width: 97%;
    height: 60px;
    margin: 7px;
    resize:none
}
.comment_top form{
    display: flex;
}
.comment_top a{
    color: #fff;
    display: inline-block;
    width: 100px;
    height: 80px;
```

```
        line-height: 80px;
        background: #aeaeae;
        text-align: center;
        margin-left: 10px;
}
.comment_top a:hover{
        background: #70ca10;
}
```

⑨ 评论框和按钮效果。

平时评论按钮的效果如图 17.92 所示。

大家评价

请发表您的评论……

我要评论

图 17.92　平时评论按钮效果

当鼠标悬浮至按钮上方时评论按钮的效果如图 17.93 所示。

图 17.93　鼠标悬浮至按钮上方时评论效果

⑩ 在评论框和按钮 comment_top 的<div></div>标签下，新增类属性值为“comment_bottom”的<div>标签内容。

```
……
<!-- 我要评论 -->
<article class="content">
        <!-- 评论框和按钮（代码省略） -->
        <!-- 评论列表 -->
        <div class="comment_bottom">
        </div>
</article>
```

⑪ 在类属性值为“comment_bottom”的<div>标签中，新增<ul>标签，作为评价列表内容。

⑫ <li>中增加<p>，作为评论人和时间，增加第二个<p>，作为评价内容，类属性值为“comment_text”，<ul>后新增<a>，类属性值为“comment_more”，单击加载更多评论。

```
……
<!-- 我要评论 -->
<article class="content">
        <!-- 评论框和按钮（代码省略） -->
```

```
        <!-- 评论列表 -->
        <div class="comment_bottom">
            <ul>
                <li>
                    <p><span class="user_account">王五</span><span>2020-06-01 13:10</span></p>
                    <p class="comment_text">挺不错的</p>
                </li>
                <li>
                    <p><span class="user_account">王五</span><span>2020-06-01 13:05</span></p>
                    <p class="comment_text">挺不错的</p>
                </li>
            </ul>
            <a href="javascript:void(0)" class="comment_more">更多</a>
        </div>
</article>
```

⑬ 打开 course_detail.css，设置 comment_bottom 样式及其<li><span><a><p>标签样式。

```
/* 大家评价的评论列表*/
.comment_bottom{
    clear: both;
    width: 50%;
    padding: 20px;
}
.comment_bottom li{
    padding: 20px 0;
    border-top: 1px solid #dae2e5;
}
.comment_bottom span{
    margin-right: 20px;
}
.comment_bottom p{
    padding: 8px 0;
}
.comment_bottom .user_account{
    color: #1f8902;
}
.comment_bottom .comment_text{
    color: #929292;
}
.comment_bottom a{
    color: #fff;
    display: block;
    line-height: 35px;
    background: #c8c8c8;
    text-align: center;
    margin: 10px 0;

}
```

```
.comment_bottom a:hover{
        background: #666;
}
```

⑭ 大家评价页面效果如图 17.94 所示。

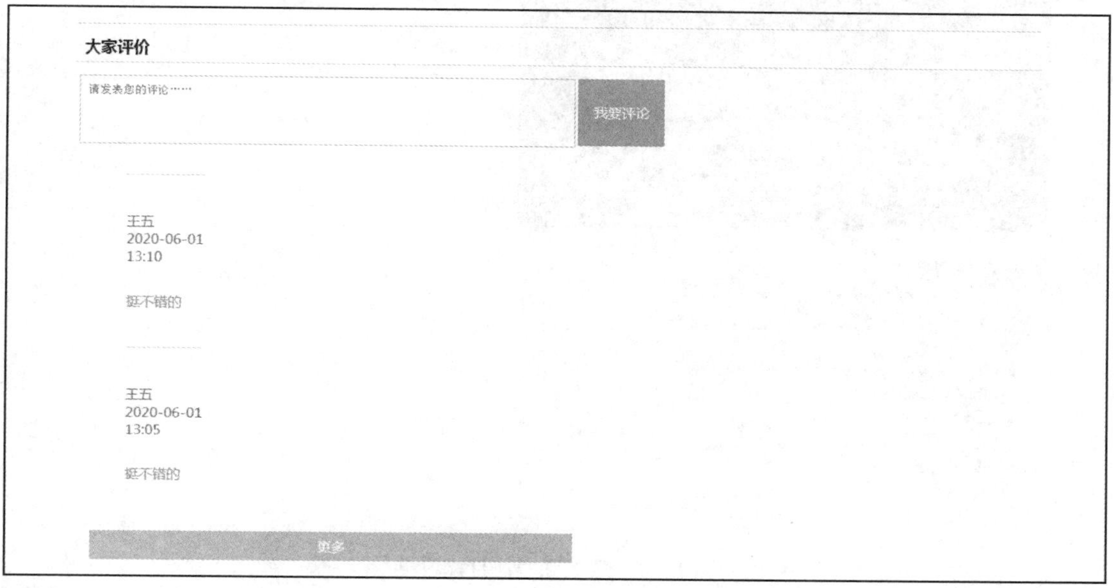

图 17.94　大家评价页面效果

2. 编辑 footer 部分

① 复制首页（index.html）文件页脚代码，覆盖 detail.html 中<footer>页脚中的代码。

```
<!-- 页脚 -->
<footer id="bottom" title="页脚">
        <div class="left">
                <a href="javascript:;">服务条款</a>
                <a href="javascript:;">隐私策略</a>
                <a href="javascript:;">广告服务</a>
                <a href="javascript:;">客服中心</a>
        </div>
        <div class="right">
                <p> Copyright@××× <a href="#wrapper">返回顶部</a></p>
        </div>
</footer>
```

② 页脚页面效果如图 17.95 所示。

图 17.95　页脚页面效果

3. 页面效果

（1）页头和学习目标效果如图 19.96 所示。

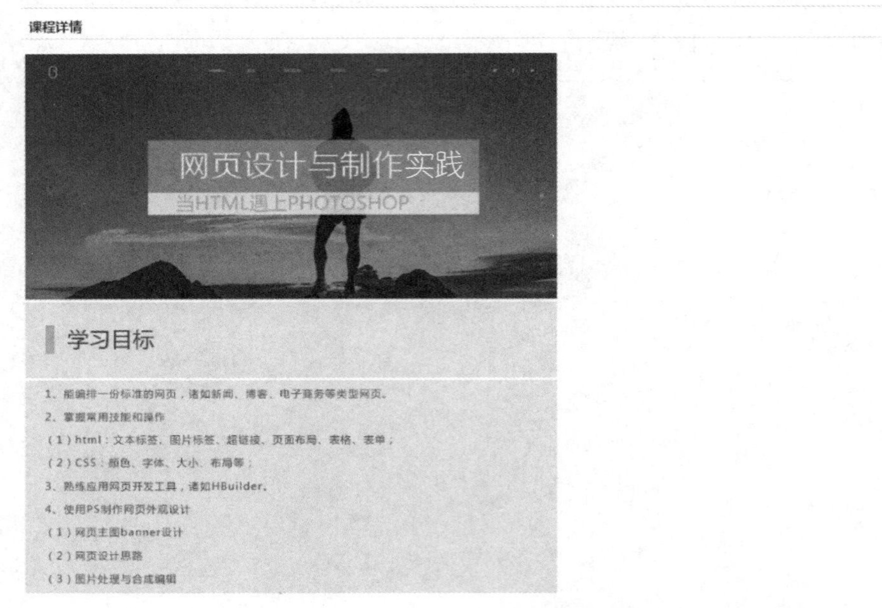

图 17.96　页头和学习目标效果

（2）页面课程目录和评论效果如图 17.97 所示。

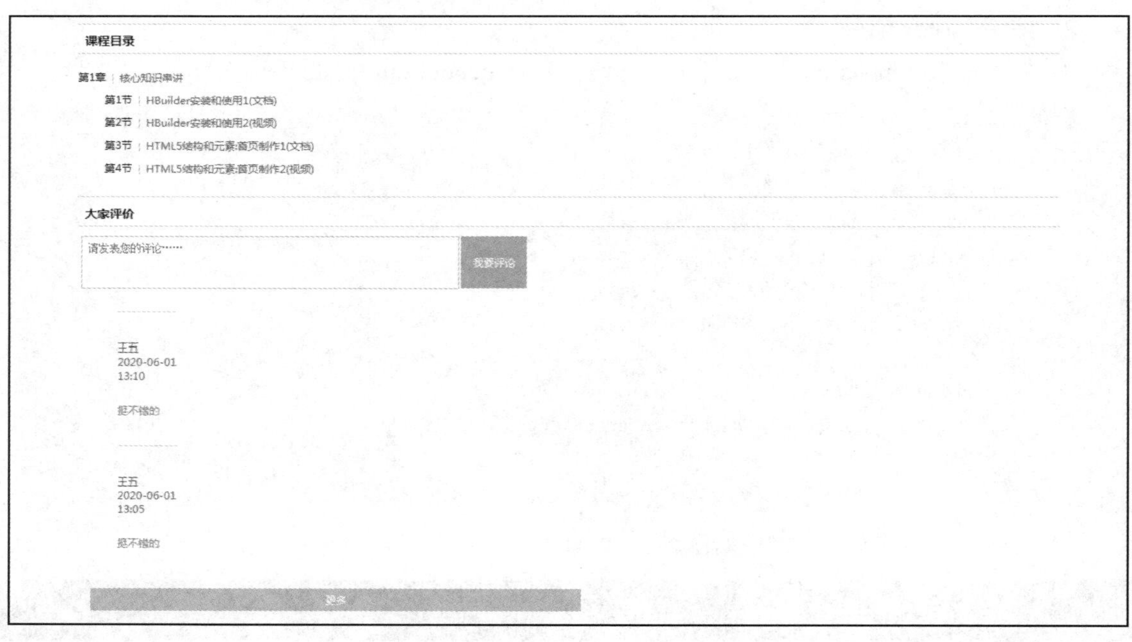

图 17.97　页面课程目录和评论效果

17.14　第二阶段 CSS3：视频播放

17.14.1　功能简介

（1）完成“在线视频课程网”videoCourse 项目的视频播放页面。

（2）视频播放页面分为页头、正文、页脚三部分。

① 页头包含网站 LOGO、导航栏和“登录”按钮。

② 正文分为左侧视频播放部分和右侧章节目录部分两部分。

③ 页脚为版权声明。

（3）页面效果如图 17.98 所示。

图 17.98　页面效果

17.14.2　设计思路

（1）视频播放页面原型界面设计如图 17.99 所示。

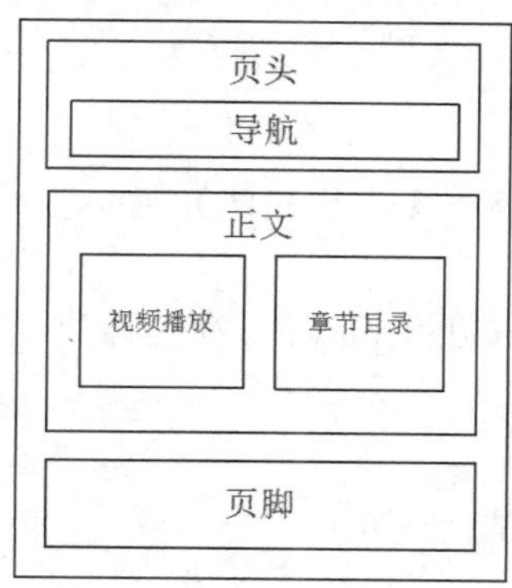

图 17.99　视频播放页面原型界面设计

（2）视频播放页面结构设计如图 17.100 所示。

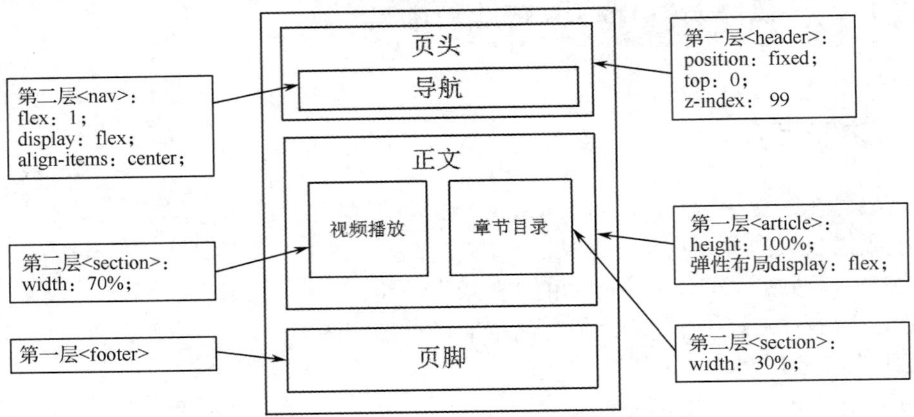

图 17.100　视频播放页面结构设计

17.14.3　实现

1. 编辑 header 部分

（1）编辑页头。

① 打开 videoPlay.html 文件，删除<header></header>双标签中的原有内容。

② 复制首页（index.html）<header></header>中所有代码，粘贴覆盖在 detail.html 文件<header></header>双标签中。

```
<body>
    <!-- 页头 -->
<header id="topbar" title="页头">
    <nav class="container">
        <!-- LOGO（代码省略） -->
        <!-- 导航（代码省略） -->
            <!-- 搜索框（代码省略） -->
            <!-- 登录（代码省略） -->
    </nav>
</header>
</body>
```

（2）创建 video_play.css 文件。

① 右击 css 目录，选择【新建】→【CSS 文件】，输入文件名“video_play.css”，如图 17.101 所示。

② 打开 videoPlay.html，引入 video_play.css 视频播放样式文件和公共 common.css 文件。

```
<head>
    <meta charset="utf-8">
    <title>视频播放 - 在线视频课程网</title>
    <!-- 引入公共样式 -->
    <link rel="stylesheet" href="./css/common.css" />
```

```
    <!-- 引入视频播放样式 -->
    <link rel="stylesheet" href="./css/video_play.css" />
</head>
```

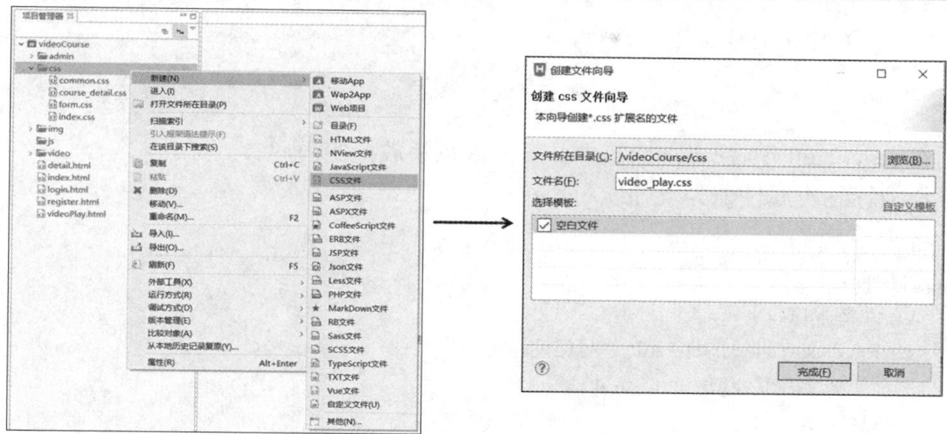

图 17.101　创建 video_play.css 文件

③ 页头页面效果如图 17.102 所示。

图 17.102　页头页面效果

2. 编辑 article 部分

（1）编辑正文，打开 videoPlay.html，删除正文<article></article>双标签中原有内容。

① 在<article>中新增左侧视频<section>标签内容和右侧课程目录<section>标签。

② 左侧视频<section>标签类属性值为“video_left”。

```
<!-- 正文 -->
<article id="wrap">
    <!-- 左侧视频 -->
    <section class="video_left" title="视频播放"></section >
    <!-- 右侧章节目录 -->
    <section title="章节目录"></section >
</article>
```

③ 打开 video_play.css，设置 body 元素样式，添加背景图片为 video_bg.png。

```
body{
    background: url(../img/video/video_bg.png);
}
```

④ 设置 wrap 样式：弹性布局，高度 100%。

```
#wrap{
    display: flex;
    height: 100%;
}
```

⑤ 设置 video_left 样式：宽度 70%，黑色背景。

```
.video_left{
        width: 70%;
        background: #414141;

}
```

（2）在 video_left 所在<div>标签中，新增视频播放标签内容。
视频播放标签类属性值为“video_area”。

```
<!-- 正文 -->
<article id="wrap">
        <!-- 左侧视频 -->
        <section class="video_left" title="网页设计与制作实践">
                <div class="video_area"></div>
        </section >
        <!-- 右侧章节目录 -->
</article>
```

（3）在 video_play.css 中，设置 video_area 样式：居中，宽度 69%，高度 70%，固定定位。

```
.video_area{
        margin: auto;
        width: 69%;
        height: 70%;
        background: #000;
        position: fixed;
        left: 0;
        top: 0;
        right: 30%;
        bottom: 0;
}
```

（4）在 video_area 所在<div>标签中，新增<p>标签，作为视频名称。

```
<!-- 正文 -->
<article id="wrap">
        <!-- 左侧视频 -->
        <section class="video_left" title="网页设计与制作实践">
                <div class="video_area">
                        <p class="tit">网页设计与制作实践</p>
                </div>
        </section>
        <!-- 右侧章节目录 -->
</article>
```

（5）在 video_play.css 中，设置 tit 样式：绝对定位。

```
.video_area .tit{
        color: #bbb;
```

```
        position:absolute;
        top: -50px;
        margin-left: 20px;
    }
```

（6）在 video_area 中的<p>标签下，新增<video>标签，作为播放视频标签内容。

```
<!-- 正文 -->
<article id="wrap">
    <!-- 左侧视频 -->
    <section class="video_left" title="网页设计与制作实践">
        <div class="video_area">
            <p class="tit">网页设计与制作实践</p>
            <video src="./video/20200529170854.ogv" controls="controls"></video>
        </div>
    </section>
    <!-- 右侧章节目录 -->
</article>
```

（7）在 video_play.css 文件中，设置<video>标签样式。

```
video{
    outline:none;
    margin: auto;
    width: 100%;
    height: 100%;
    position:absolute;
    left: 0;
    top: 0;
    right: 0;
    bottom: 0;
}
```

（8）左侧视频播放效果如图 17.103 所示。

图 17.103　左侧视频播放效果

（9）在 videoPlay.html 中，在右侧章节目录<section>标签中，新增类属性值“video_right”。

```
<!-- 正文 -->
<article id="wrap">
```

```
        <!-- 左侧视频内容（代码省略） -->
        <!-- 右侧章节目录 -->
<section class="video_right" title="章节目录">
</section>
</article>
```

（10）在 video_play.css 中，设置 video_right 样式：宽度 30%。

```
.video_right{
        width: 30%;
        margin-top: 4%;
}
```

（11）左 video_right 下，新增课程名和辅导老师标签内容，类属性值为“right_tophead”。

```
<!-- 正文 -->
<article id="wrap">
        <!-- 左侧视频内容（代码省略） -->
        <!-- 右侧章节目录 -->
            <section class="video_right" title="章节目录">
              <!-- 课程名和辅导老师 -->
                  <div class="right_tophead">
            </div>
    </section>
</article>
```

（12）在 video_play.css 中，设置 right_tophead 样式：高度 10%，左内边距 10 像素，背景为灰黑色图片。

（13）图片素材文件存放在素材的 img 文件夹中。

（14）背景图片 url 路径为../img/video/tit_bg.png。

```
.right_tophead{
        background: url(../img/video/tit_bg.png);
        height: 10%;
        padding-left: 10px;
}
```

（15）左 right_tophead 下，新增<h3>、<p>标签。

（16）<h3>标签内容作为课程名内容。

（17）<p>标签内容作为辅导老师内容。

```
<!-- 正文 -->
<article id="wrap">
        <!-- 左侧视频内容（代码省略） -->
        <!-- 右侧章节目录 -->
        <section class="video_right" title="章节目录">
                <!-- 课程名和辅导老师 -->
                <div class="right_tophead">
                        <h3>网页设计与制作实践</h3>
                        <p>辅导老师：IT 学院</p>
```

```
        </div>
</section>
</article>
```

（18）在 video_play.css 中，设置 right_tophead 下的<h3>和<p>标签样式。

```
.right_tophead h3{
        line-height: 30px;
        font-size: 14px;
        font-weight: bold;
        padding-top: 10px;
}
.right_tophead p {
        font-size: 12px;
        line-height: 20px;
}
```

（19）在 right_tophead 所在的<div></div>下，新增章节目录<div>标签，作为章节的目录名称。
（20）设置目录<div>标签的类属性值为“directory”。

```
<!-- 正文 -->
<article id="wrap">
        <!-- 左侧视频内容（代码省略） -->
        <!-- 右侧章节目录 -->
        <section class="video_right" title="章节目录">
                <!-- 课程名和辅导老师（代码省略） -->
                <!-- 目录名称 -->
                <div class="directory">
                        目录
                </div>
        </section>
</article>
```

（21）在 video_play.css 中，设置 directory 样式：背景灰黑色，高度 5.5%，左内边距 20px。

```
.directory{
        color: #333;
        background: #CBCCD2;
        height: 5.5%;
        line-height: 36px;
        padding-left: 20px;
}
```

（22）在 directory 所在的<div></div>下，新增章节列表标签<div>，类属性值为“right_list”。

```
<!-- 正文 -->
<article id="wrap">
        <!-- 左侧视频内容（代码省略） -->
        <!-- 右侧章节目录 -->
        <section class="video_right" title="章节目录">
                <!-- 课程名和辅导老师（代码省略） -->
```

```
            <!-- 目录名称（代码省略） -->
            <!-- 章节列表 -->
            <div class="right_list"></div>
        </section>
</article>
```

（23）在 video_play.css 中，设置 right_list 章节列表样式。

```
.right_list{
        color: #666;
        background: #fff;
        height: 600px;
}
```

（24）在 right_list 所在的<div></div>中，新增章节列表标签<dl>。

```
<!-- 正文 -->
<article id="wrap">
        <!-- 左侧视频内容（代码省略） -->
        <!-- 右侧章节目录 -->
        <section class="video_right" title="章节目录">
                <!-- 课程名和辅导老师（代码省略） -->
                <!-- 目录名称（代码省略） -->
                <!-- 章节列表 -->
                <div class="right_list"><dl></dl></div>
        </section>
</article>
```

（25）在<dl>中，新增<dt>标签，在<dt>标签内新增<span>，作为章节，新增<p>，作为章节名称，<a>中 href 值为“videoPlay.html”。

```
<dl>
        <dt>
                <span>第 1 章</span>
                <p>核心知识串讲</p>
        </dt>
        <dd>
                <span>第 1 节</span>
                <p><a href="./videoPlay.html">HBuilder 安装和使用 1(文档)</a></p>
        </dd>
        <dd>
                <span>第 2 节</span>
                <p><a href="./videoPlay.html">HBuilder 安装和使用 2(视频)</a></p>
        </dd>
        <dd>
                <span>第 3 节</span>
                <p><a href="./videoPlay.html">HTML5 结构和元素:首页制作 1(文档)</a></p>
        </dd>
        <dd>
                <span>第 4 节</span>
```

```
            <p><a href="./videoPlay.html">HTML5 结构和元素:首页制作 2(视频)</a></p>
        </dd>
    </dl>
```

（26）在 video_play.css 中，设置在 right_list 下的<a>、<dl>、<dt>、<dd>标签样式（其中<dt>、<dd>标签为弹性布局），以及<dl>下的<p>样式。

```
.right_list dt,.right_list dd{
        display: flex;
        height: 36px;
        line-height: 40px;
}
.right_list dl p{
        line-height: 5px;
        margin-left: 10px;
        padding-left: 10px;
        border-left: 1px solid #ccc;
}
.right_list a{
        color: #666;
}
```

右侧章节目录页面效果如图 17.104 所示，正文页面效果如图 17.105 所示。

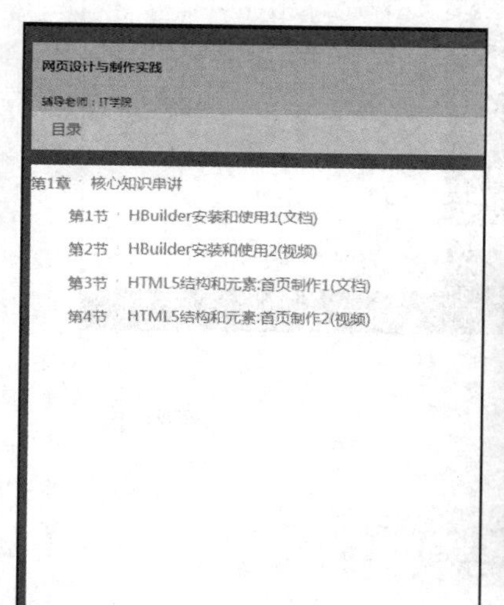

图 17.104　右侧章节目录页面效果

图 17.105　正文页面效果

3. 编辑 footer 部分

① 复制首页（index.html）文件页脚代码，覆盖 login.html 中<footer>页脚中的代码。

```
<!-- 页脚 -->
<footer id="bottom" title="页脚">
    <div class="left">
        <a href="javascript:;">服务条款</a>
        <a href="javascript:;">隐私策略</a>
```

```
            <a href="javascript:;">广告服务</a>
            <a href="javascript:;">客服中心</a>
        </div>
        <div class="right">
            <p> Copyright@××× <a href="#wrapper">返回顶部</a></p>
        </div>
</footer>
```

② 页脚效果如图 17.106 所示。

服务条款 | 隐私策略 | 广告服务 | 客服中心 Copyright@xxx 返回顶部

图 17.106　页脚效果

4. 页面效果

页面效果如图 17.107 所示。

图 17.107　页面效果

17.15　第二阶段 CSS3：后台课程管理首页

17.15.1　功能简介

（1）完成“在线视频课程网”videoCourse 项目的后台课程管理页面的课程列表。

（2）页面分为页头、正文、页脚三个部分。

① 页头包含网站 LOGO、登录名。

② 正文分为左侧导航栏和右侧课程列表两部分。

③ 页脚为版权声明。

（3）页面效果如图 17.108 所示。

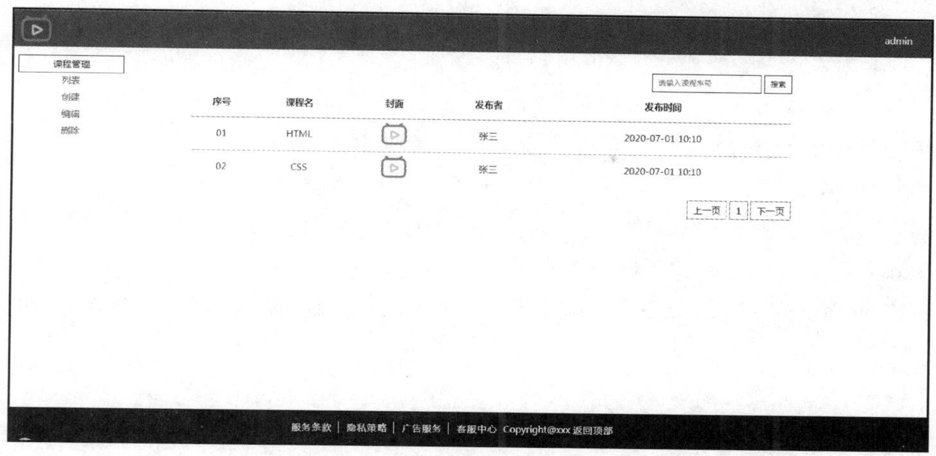

图 17.108　页面效果

17.15.2　设计思路

（1）后台课程列表页面原型界面设计如图 17.109 所示。

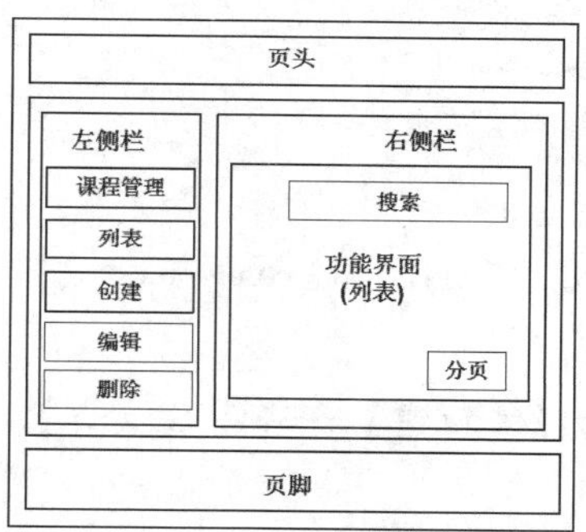

图 17.109　后台课程列表页面原型界面设计

（2）后台课程列表页面结构设计如图 17.110 所示。

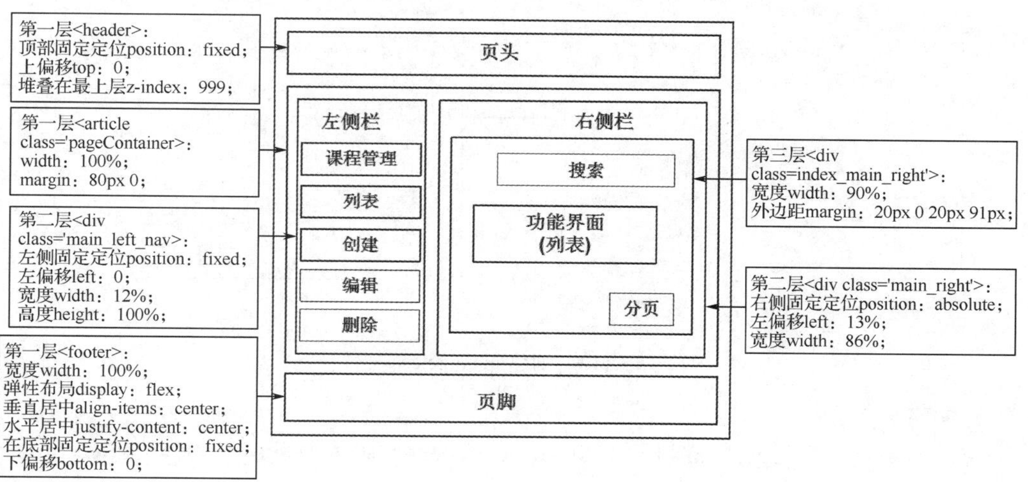

图 17.110　后台课程列表页面结构设计

17.15.3 实现

1. 编辑 header 部分

（1）创建样式文件。

① 创建 common.css 样式文件。

② 在 css 文件夹下，新建 admin 文件夹。

③ 右击 admin 文件夹，选择【新建】→【CSS 文件】，输入文件名“common.css”，如图 17.111 所示。

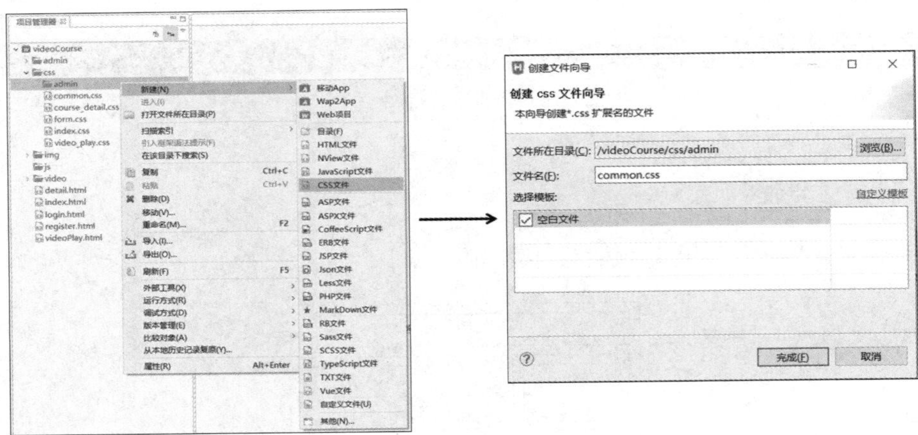

图 17.111　创建 common.css 文件

④ 创建 manage.css 样式文件。

⑤ 右击 admin 文件夹，选择【新建】→【CSS 文件】，输入文件名“manage.css”，如图 17.112 所示。

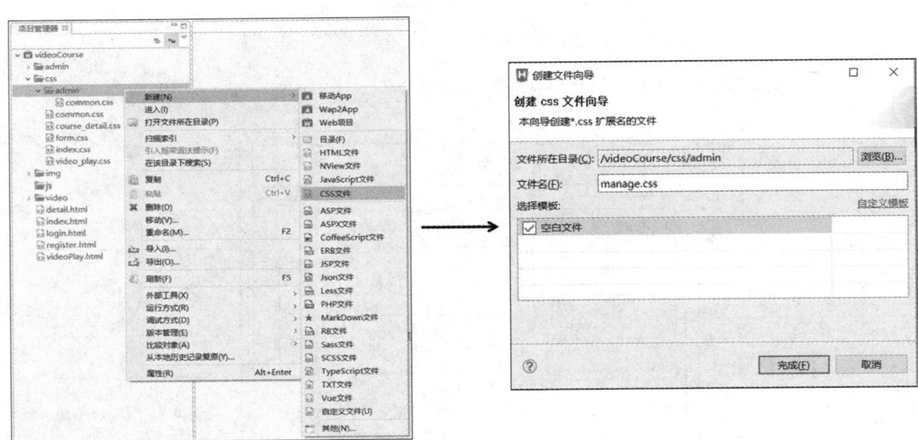

图 17.112　创建 manage.css 文件

（2）编辑页头。

① 打开 courseManage.html 文件，在<head></head>中设置<link>标签，引入 common.css 样式文件和 manage.css 样式文件。

```
<link rel="stylesheet" href="../css/admin/common.css"/>
<link rel="stylesheet" href="../css/admin/manage.css" >
```

② 删除<header></header>标签中原有的内容。

③ 在<header>标签内，新增类属性值为“header”。

④ 删除<header></header>标签后的<hr/>水平线标签。

```
<body>
        <!-- 页头 -->
        <header class="header" title="页头"></header>
</body>
```

⑤ 打开 common.css 样式文件，设置全局公共样式。

```
*{
        margin: 0;
        padding: 0;
}
ul {
        list-style: none;
}
table {
        border-collapse: collapse;
        border-spacing: 0;
        width: 100%;
}
table tr{text-align: center;}
a{ text-decoration: none;}
img{
      max-width: 100%;
}
```

⑥ 在 common.css 文件中，设置 header 样式：宽度 100%，固定定位，z.index 堆叠在最上层，背景黑色，透明度为 0.8。

```
.header{
        background: rgba(0,0,0,0.8);
        height: 65px;
        width: 100%;
        top: 0;
position: fixed;
        z-index: 999;
}
```

（3）在页头添加导航标签内容。

① 在<header>标签中添加<nav>标签，<nav>标签中是页头导航内容。

② 在<nav>标签内定义类属性值为“header_main”。

```
<!-- 页头 -->
<header class="header" title="页头">
```

```
        <nav class="header_main"></nav>
</header>
```

③ 在 header_main 的<nav>标签中，新增 LOGO 图片<img>标签。

④ 在<img>标签下，新增类属性值为“log_name”的<div>标签内容，ID 属性值为“logo”，内容为文本“admin”。

```
<!-- 页头 -->
<header class="header" title="页头">
        <nav class="header_main">
                <img id="logo" src="../img/logo.png"/>
                <div class="lon_name">admin</div>
        </nav>
</header>
```

⑤ 打开 common.css，设置 header_main 样式：宽度 99%。

```
.header_main{
        width: 99%;
        margin: 0 auto;
        height: 80px;
}
```

⑥ 设置 logo 样式：左浮动。

```
#logo{/* 头部左侧 LOGO */
        float: left;
        height: 60px;
       width: 60px;
       padding-top: 3px;
}
```

⑦ 打开 common.css，设置 lon_name 样式：右浮动，宽度 100px，文本居中。

```
/* 头部右侧登录显示名 */
.lon_name{
       width: 100px;
float: right;
color: #FFFFFF;
line-height: 70px;
text-align: center;
}
```

⑧ 页面效果如图 17.113 所示。

admin

图 17.113 页面效果

2. 编辑 article 部分

（1）在 html 文档的<body></body>中，删除<article></article>中原有的内容。

① 删除<article> 标签后的<hr/>水平线标签。
② 在<article>中，新增类属性值为“pageContainer”。

```
<body>
	<!-- 页头（代码省略） -->
	<!-- 正文 -->
	<article class="pageContainer" title="正文"></article>
</body>
```

（2）在 pageContainer 的<article>中添加<div>标签，类属性值为“main_left_nav”。

```
<!-- 正文 -->
<article class="pageContainer" title="正文">
	<!-- 左侧目录 -->
	<div class="main_left_nav"></div>
</article>
```

（3）打开 manage.css 文件，设置 pageContainer 样式：宽度 100%。
（4）设置 main_left_nav 样式：固定布局，上偏移 0，宽度 12%，高度 100%。

```
/*** 正文 ***/
.pageContainer{
	width: 100%;
	margin: 80px 0;
}
/* 左侧目录 */
.main_left_nav{
	position: fixed;
	left: 0;
	width: 12%;
	height: 100%;
}
```

（5）在 main_left_nav 中，新增左侧导航栏<ul>标签内容，类属性值为“main_left”。
① <ul>中主分类“课程管理”，子分类“列表、创建、编辑、删除”，target 值为“mainFrame”。
② <li>类属性值为“left_sidebar_module”，“课程管理”类属性值为“active”。
③ 在<li>中设置<a>标签 target 的属性。

```
<!-- 正文 -->
<article class="pageContainer" title="正文">
	<!-- 左侧目录 -->
	<div class="main_left_nav">
			<!-- 左侧导航栏 -->
		<ul class="main_left">
			<li class="left_sidebar_module">
				<span class="active">课程管理</span>
			</li>
			<li class="left_sidebar_module">
				<a href=":;" target="">列表</a>
			</li>
```

```
<li class="left_sidebar_module">
            <a href=":;" target="">创建</a>
      </li>
                  <li class="left_sidebar_module">
                        <a href=":;" target="">编辑</a>
                  </li>
                  <li class="left_sidebar_module">
                        <a href=":;" target="">删除</a>
                  </li>
            </ul>
      </div>
</article>
```

④ 打开 manage.css，设置 main_left 样式。

```
.main_left{
      width: 95%;
      min-height: 600px;
position: absolute;
     left: 0;
      margin-left: 8px;
}
```

⑤ 在 manage.css 中，设置 left_sidebar_module 样式。

⑥ 设置 left_sidebar_module 下<span>标签样式：块级元素。

```
.left_sidebar_module{
height: 30px;
line-height: 30px;
      text-align: center;
}
.left_sidebar_module span{
      display: block;
      width: 100%;
      color: black;
}
```

⑦ 在 manage.css 中，设置主分类“课程管理”所属<span>标签的 active 样式。

```
.active{
      color: black;
      border: 1px solid black;
}
```

（6）在 main_left_nav 下，新增右侧导航菜单的标签<div>内容，类属性值为“main_right”。

① 在 main_right 中，新增<iframe>内联框架标签，name 属性值为“mainFrame”，ID 属性值为“mainFrame”。

```
<!-- 正文 -->
<article class="pageContainer" title="正文">
      <!-- 左侧目录（代码省略）-->
```

```
        <!-- 右侧内容 -->
        <div class="main_right">
                <iframe src="courseManage.html" name="mainFrame"
id="mainFrame" frameborder="0"></iframe>
        </div>
</article>
```

② 在 main_left 中的<a>标签内，将 target 属性值设置为“mainFrame”。

```
<!-- 左侧导航栏 -->
<ul class="main_left">
        <li class="left_sidebar_module">
                <span class="active">课程管理</span>
        </li>
        <li class="left_sidebar_module">
                <a href=":;" target="mainFrame">列表</a>
        </li>
<li class="left_sidebar_module">
                <a href=":;" target="mainFrame">创建</a>
        </li>
        <li class="left_sidebar_module">
                <a href=":;'" target="mainFrame">编辑</a>
        </li>
<li class="left_sidebar_module">
<a href=":;" target="mainFrame">删除</a>
        </li>
</ul>
```

③ 在 manage.css 中，设置 main_right 样式：绝对定位，左偏移 13%，宽度 86%。

④ 设置<iframe>标签样式：宽度 86%。

```
/* 右侧内容 */
.main_right{
width: 86%;
        position: absolute;
        left: 13%;
}
.main_right iframe{
width: 86%;
min-height: 600px;
}
```

（7）创建列表文件。

① 右击 admin 文件夹，选择【新建】→【HTML 文件】，输入文件名“courseIndex.html”，如图 17.114 所示。

② 右击 css 目录下的 admin 文件夹，选择【新建】→【CSS 文件】，输入文件名“index.css”，如图 17.115 所示。

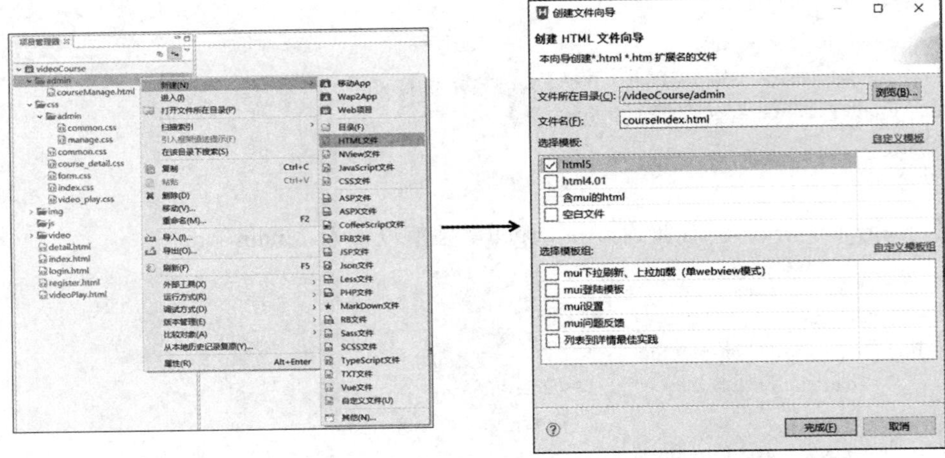

图 17.114　创建 courseIndex.html 文件

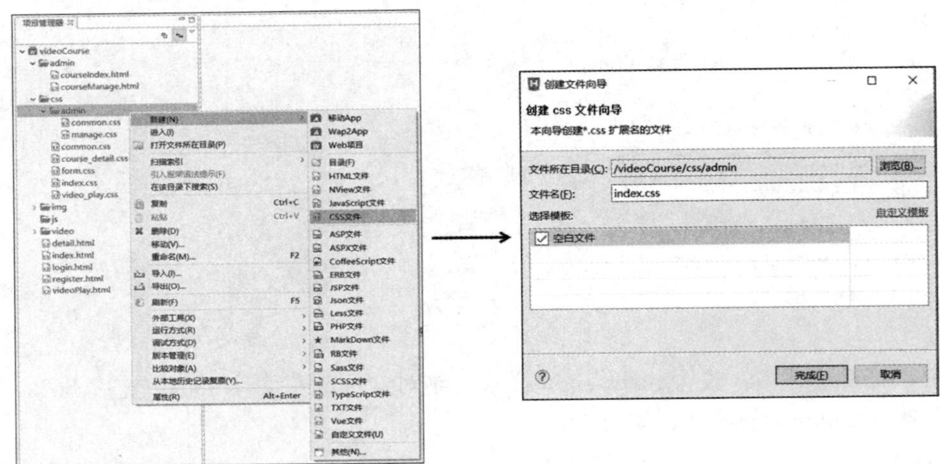

图 17.115　创建 index.css 文件

（8）创建列表页头。

① 打开 courseIndex.html 文件，在<head></head>中，新增<link>标签，引入 index.css 列表样式文件。

```
<link rel="stylesheet" href="../css/admin/index.css" >
```

② 在<body></body>中，新建<article>标签，类属性值为“index_main_right”。<article>标签内，定义 title 全局属性值为“正文”。

```
<body>
    <!-- 正文 -->
    <article class="index_main_right" title="正文"></article>
</body>
```

③ 打开 admin 目录中 index.css 文件，设置 index_main_right 样式：宽度 90%。

```
.index_main_right {
    width: 90%;
```

```
    margin: 20px 0 20px 91px;
}
```

④ 在 index_main_right 下，新增类<form>标签内容，类属性值为“search”。

```
<body>
    <!-- 正文 -->
    <article class="index_main_right" title="正文">
        <form class="search" method="get" action="#">
        </form>
    </article>
</body>
```

⑤ 在<form>中，新增<input>标签内容，type 属性类型为“search”，placeholder 属性值为“请输入课程序号……”，required 属性值为“required”。

⑥ 在其下新增<input>标签内容，type 属性类型为“submit”，value 属性值为“搜索”。

```
<body>
    <!-- 正文 -->
    <article class="index_main_right" title="正文">
        <!-- 搜索 -->
        <form class="search" method="get" action="#">
            <input type="search" placeholder="请输入课程序号" required="required"/>
            <input type="submit" value="搜索" />
        </form>
    </article>
</body>
```

⑦ 在 admin 目录中 index.css 文件中，设置<form>标签的类属性值 search 的样式：右浮动。

```
.search {
    float: right;
}
```

⑧ 设置 search 下<input>标签样式。

```
.search input {
    border: 1px solid black;
    height: 33px;
    line-height: 32px;
    background: #fff;
    padding: 0px 10px;
}
```

⑨ 在搜索 search 下新增列表<table>表格标签。

```
<body>
    <!-- 正文 -->
    <article class="index_main_right" title="正文">
    <!-- 搜索（代码省略） -->
    <!-- 列表 -->
        <table>    </table>
```

```
    </article>
</body>
```

⑩ 在搜索 search 下的列表<table>表格标签中，新增列表标签内容。

⑪ 新增表格标题标签<tr><th>。

```
<!-- 正文 -->
<article class="index_main_right" title="正文">
    <!-- 搜索（代码省略） -->
    <!-- 列表 -->
    <table>
        <tr>
            <th>序号</th>
            <th>课程名</th>
            <th>封面</th>
            <th>发布者</th>
            <th>发布时间</th>
        </tr>
    </table>
</article>
```

⑫ 在表格标题标签<tr><th>下，新增模拟数据标签内容。

```
<!-- 正文 -->
<article class="index_main_right" title="正文">
    <!-- 搜索（代码省略） -->
    <!-- 列表 -->
    <table>
        ……
        <tr>
            <td>01</td>
            <td>HTML</td>
            <td><img src="../img/admin/logo.png" width="50" height="50"/></td>
            <td>张三</td>
            <td>2020-07-01 10:10</td>
        </tr>
<tr>
            <td>02</td>
            <td>CSS</td>
            <td><img src="../img/admin/logo.png" width="50" height="50"/></td>
            <td>张三</td>
            <td>2020-07-01 10:10</td>
        </tr>
    </table>
</article>
```

⑬ 打开 admin 目录中 index.css 文件，设置<table>、<tr>、<td>样式。

```
table {
    width: 100%;
```

```
}
tr {
        height: 50px;
        text-align: center;
}
td {
        border-top: 1px solid grey;
}
```

⑭ 在<table>下，新建分页标签内容，类属性值为“pages”。

⑮ 在 pages 中，新建<a>，上一页 class 值为“pre_page”，当前页 class 值为“cur_page”，下一页 class 值为“next_page”。

```
<!-- 正文 -->
<article class="index_main_right" title="正文">
        <!-- 搜索（代码省略） -->
        <!-- 列表（代码省略） -->
        <!-- 分页 -->
        <div class="pages">
                <a class="pre_page" href="#">上一页</a>
                <a class="cur_page" href="#">1</a>
                <a class="next_page" href="#">下一页</a>
        </div>
</article>
```

⑯ 打开 admin 目录中 index.css 文件，设置 pages 样式：右浮动。

（9）设置 pages 下<a>样式：行内块。

```
.pages {
        float: right;
        margin: 2% 0;
}
.pages a {
        display: inline-block;
        padding: 5px 10px;
        border: 1px solid grey;
        color: black;
        text-decoration: none;
}
```

（10）打开 courseManage.html 文件，在<iframe>标签内，src 值设置为“courseIndex.html”。

```
<div class="main_right">
        <iframe src="courseIndex.html" name="mainFrame" id="mainFrame" frameborder="0"></iframe>
</div>
```

3. 编辑 footer 部分

（1）复制上一个迭代（index.html）文件中<footer></footer>中所有内容，粘贴覆盖此页面<footer></footer>中所有内容。

```
<!-- 页脚 -->
<footer id="bottom" title="页脚">
        <div class="left">
                <a href="javascript:;">服务条款</a>
                <a href="javascript:;">隐私策略</a>
                <a href="javascript:;">广告服务</a>
                <a href="javascript:;">客服中心</a>
        </div>
        <div class="right">
                <p> Copyright@××× <a href="#wrapper">返回顶部</a></p>
        </div>
</footer>
```

（2）打开 common.css 文件，设置页脚样式。

```
/* 页脚 */
#bottom{
        width: 100%;
        height: 60px;
        color: white;
        background-color: black;
        bottom: 0;
        position: fixed;
        text-align: center;
        display: flex;
        align-items: center;
        justify-content: center;
}
#bottom a{
        color: white;
        letter-spacing: 0.1em;
        height: 22px;
        line-height: 22px;
}
.left a{
        padding: 0 10px;
        color: rgba(255,255,255,1);
}
/* 这是底部导航 a 标签右侧画竖线 */
.left a:not(:last-child) {
        border-right: 1px white solid;
}
/* 这是底部导航 a 标签右侧画竖线 */
.left a:not(:last-child){
        border-right:1px white solid ;
}
.right,.right a{
        color: rgba(255,255,255,1);
        text-align: center;
}
```

4. 页面效果

课程列表页面在浏览器中的运行效果如图 17.116 所示。

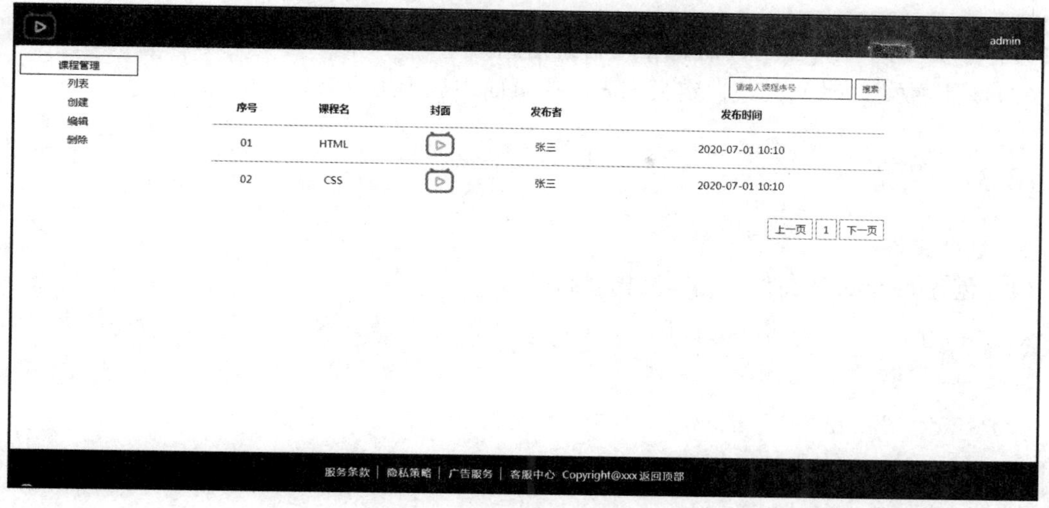

图 17.116　课程列表页面效果

17.16　第三阶段 JavaScript+jQuery：章节目录页面交互效果

17.16.1　功能简介

（1）完成“在线视频课程网”videoCourse 项目的章节目录页面交互效果。

（2）将章节目录信息存储到数组中，遍历数组。

（3）运用 DOM 操作动态生成课程章节目录。

（4）页面效果如图 17.117 所示。

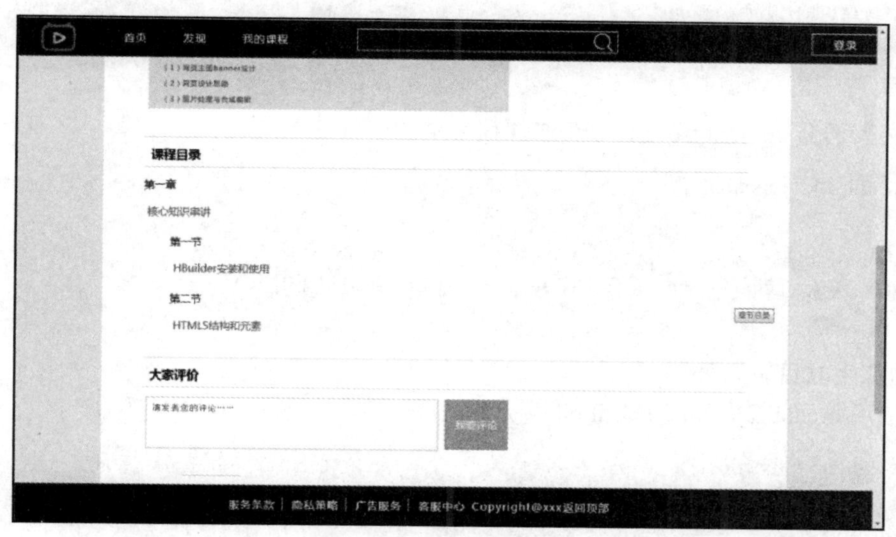

图 17.117　页面效果

17.16.2 设计思路

（1）定义二维数组 chapter 存储章节目录信息。
（2）遍历数组，动态创建自定义列表，在页面中显示出章节目录信息。

17.16.3 实现

1. 创建文件

（1）创建 chapter.js 文件，编写文档就绪函数。

```
window.onload = function(){
}
```

（2）在 detail.html 头部<head>标签中引入该 js 文件。

```
<!-- 引入章节目录 js -->
<script src="js/chapter.js"></script>
```

（3）删除 detail.html 中的课程目录内容，只保留最外层的<article>。

```
<!-- 课程目录 -->
<article class="content content_second">
</article>
```

2. 数据定义和元素获取

（1）在 chapter.js 中定义章节目录数组 chapter。

```
window.onload = function(){
var chapter = [
["第一章","核心知识串讲"],
["第一节","HBuilder 安装和使用"],
["第二节","HTML5 结构和元素"]
];
}
```

（2）根据类名 content_second，获取课程目录的 article 元素。

```
window.onload = function(){
……
//获取 article 元素
var article = document.getElementsByClassName("content_second")[0];
}
```

3. 动态生成目录列表

（1）使用 createElement 创建 dl 和 dt 元素。

```
window.onload = function(){
……
//创建 dl、dt 元素
var dl = document.createElement("dl");
```

```
var dt = document.createElement("dt");
}
```

（2）将 chapter 数组中的章信息写入 dt 元素，使用 appendChild()函数将 dt 添加到 dl 元素末尾。

```
window.onload = function(){
……
dt.innerHTML = "<span>"+chapter[0][0]+"</span><p>"+chapter[0][1]+"</p>";
dl.appendChild(dt);
}
```

（3）循环遍历 chapter 数组，创建 dd 元素显示节信息，使用 appendChild()函数将 dd 添加到 dl 元素末尾。

```
window.onload = function(){
……
for(var i = 1 ; i<chapter.length ; i++){
var dd = document.createElement("dd");
dd.innerHTML='<span>'+chapter[i][0]+'</span><p><a href="videoPlay.html">'+chapter[i][1]+"</a></p>"
dl.appendChild(dd);
}
}
```

（4）使用 appendChild()函数将 dl 添加到 article 元素末尾。

```
window.onload = function(){
……
article.appendChild(dl);
}
```

4. 页面效果

打开“章节目录”页面，页面效果如图 17.118 所示。

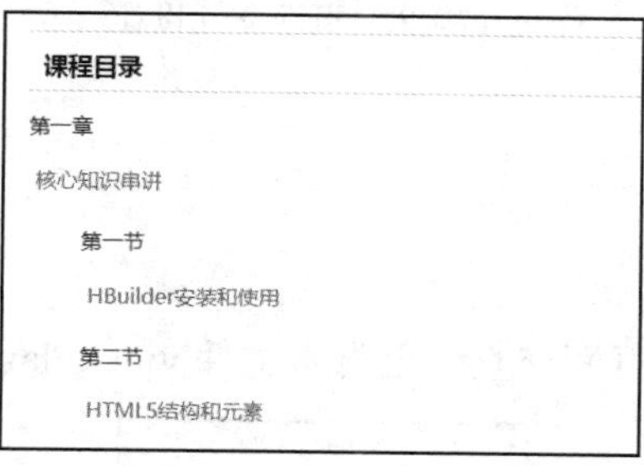

图 17.118 页面效果

17.17 第三阶段 JavaScript+jQuery：视频播放页面交互效果

17.17.1 功能简介

（1）通过单击“在线视频课程网”右侧章节目录切换至对应章节视频。

（2）页面效果如图 17.119 所示。

图 17.119　页面效果

17.17.2　设计思路

（1）给每个章节绑定单击事件，单击对应的章节播放相应章节的视频。

（2）页面交互设计如图 17.120 所示。

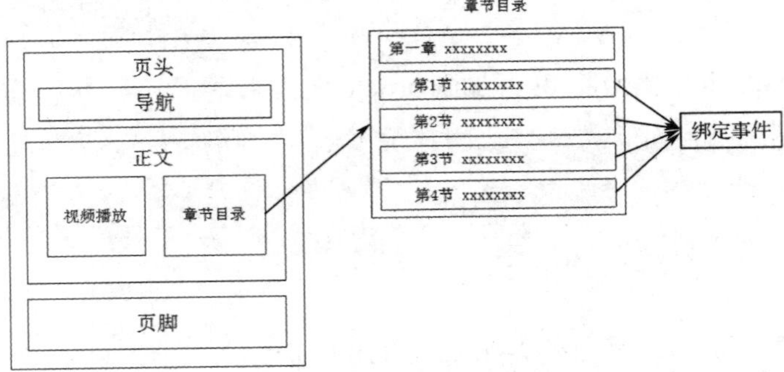

图 17.120　页面交互设计

17.17.3　实现

1. 创建 videoPlay.js 文件

在 js 目录下创建视频播放页面交互效果脚本文件 videoPlay.js，如图 17.121 所示。

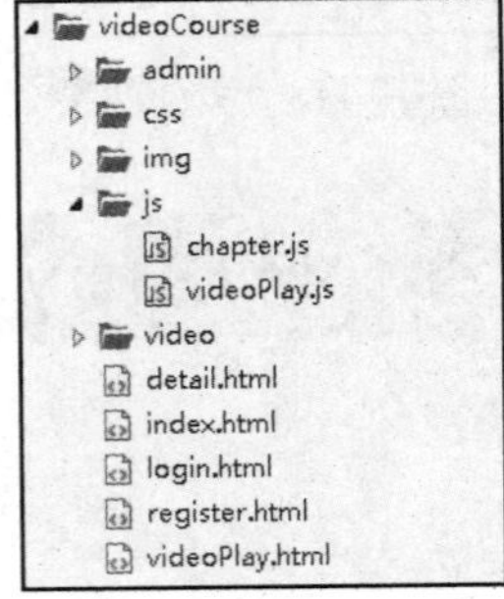

图 17.121　创建 videoPlay.js 文件

2. 引入 videoPlay.js 文件

打开 videoPlay.html 文件，使用<script>标签引入 videoPlay.js 视频播放页面交互 js 文件。

```
<head>
  <meta charset="UTF-8">
  <title>视频播放 - 在线视频课程网</title>
    <!-- 引入公共样式 -->
  <link rel="stylesheet" href="./css/common.css" />
    <!-- 引入课程详情样式 -->
  <link rel="stylesheet" href="./css/video_play.css" />
<!-- 引入视频播放页面交互 js 文件 -->
<script type="text/javascript" src="js/videoPlay.js"></script>
</head>
```

3. 绑定事件

打开 videoPlay.html，删除右侧章节中章节列表每节<a>标签的 herf 属性，并绑定事件 onclick 调用 playVideo(val)函数，通过判断 playVideo()函数中的参数值播放不同视频。

```
<div class="right_list"><!-- 章节列表 -->
  <dl>
    <dt>
      <span>第 1 章</span>
      <p>核心知识串讲</p>
</dt>
    <dd><span>第 1 节</span>
      <p><a onclick="playVideo(1)">HBuilder 安装和使用 1(文档)</a></p>
    </dd>
    <dd>
      <span>第 2 节</span>
      <p><a onclick="playVideo(2)">HBuilder 安装和使用 2(视频)</a></p>
    </dd>
<dd>
      <span>第 3 节</span>
      <p><a onclick="playVideo(3)">HTML5 结构和元素:首页制作 1(文档)</a></p>
    </dd>
    <dd>
      <span>第 4 节</span>
      <p><a onclick="playVideo(4)">HTML5 结构和元素:首页制作 2(视频)</a></p>
    </dd>
  </dl>
</div>
```

4. 编辑 videoPlay.js 文件

（1）打开 videoPlay.js，编写 playVideo()方法。

（2）使用 getElementsByTagName()方法获取<video>标签中的第一个标签，并使用 console.log()在控制台打印输出参数及获取的节点。

```
function playVideo(val){
    //获取 video 节点
```

```
    var videoBtn=document.getElementsByTagName("video")[0];
    //测试控制台打印调用 playVideo()函数传过来的参数以及是否获取 video 节点
console.log(val,videoBtn);
}
```

（3）通过 val 参数判断单击的章节，并使用节点对象的 setAttribute()方法设置节点的 src 属性为对应的视频地址。

```
function playVideo(val){
    //获取 video 节点
    var videoBtn=document.getElementsByTagName("video")[0];
    //通过 val 参数判断
    if(val==1){
        //setAttribute()设置属性
        videoBtn.setAttribute('src','./video/20200529170854.ogv
');
    }else if(val==2){
        videoBtn.setAttribute('src','./video/ppt.mp4');
    }else if(val==3){
        videoBtn.setAttribute('src','./video/20200529170915.mp4');
    }else{
        videoBtn.setAttribute('src','./video/ppt.mp4');
    }
}
```

5. 页面效果

打开视频播放页面，单击右侧视频列表，切换至播放视频，页面效果如图 17.122 所示。

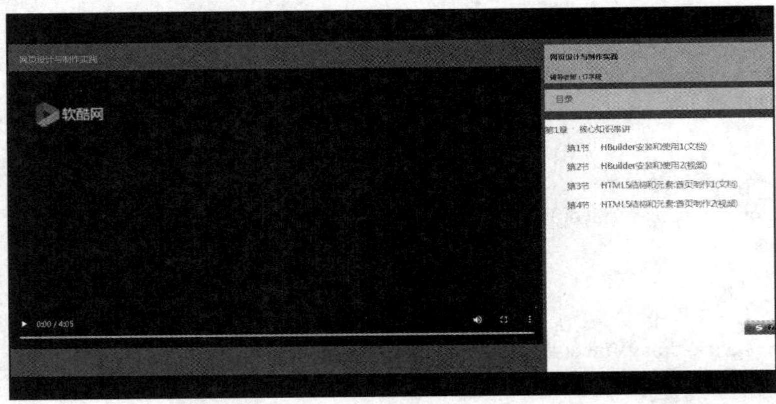

图 17.122　页面效果

17.18　第三阶段 JavaScript+jQuery：后台课程管理首页交互效果

17.18.1　功能简介

通过定义数据数组，后台课程管理首页动态从数组中获取数据信息并加载数据，页面效果如图 17.123 所示。

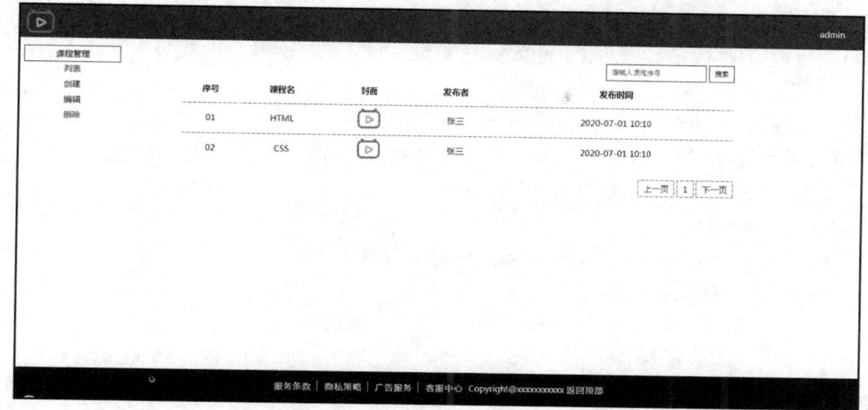

图 17.123　页面效果

17.18.2　设计思路

（1）在 jQuery 官方网站下载 jQuery 的资源包（jquery.min.js 文件）。

（2）在页面中引入 jquery.min.js 文件。

（3）使用 jQuery 按以下步骤完成动态生成页面内容：

① 定义表格数据；

② 使用 for 循环遍历表格数据；

③ 在 for 循环中创建表格<tr>节点；

④ 创建序号、课程名、封面、发布者、发布时间等<td>单元格节；

⑤ 将<td>单元格节点插入 tr 中；

⑥ 在 tbody 节点中插入创建的 tr 节点。

17.18.3　实现

1. 创建 courseIndex.js 文件

（1）在“视频播放页面交互效果”迭代基础上进行建设。

（2）在 js 目录下创建后台课程管理首页交互脚本文件 courseIndex.js。

（3）下载 jQuery 资源包 jquery.min.js 文件，将 jquery.min.js 文件放置到 js 目录下。

（4）目录结构如图 17.124 所示。

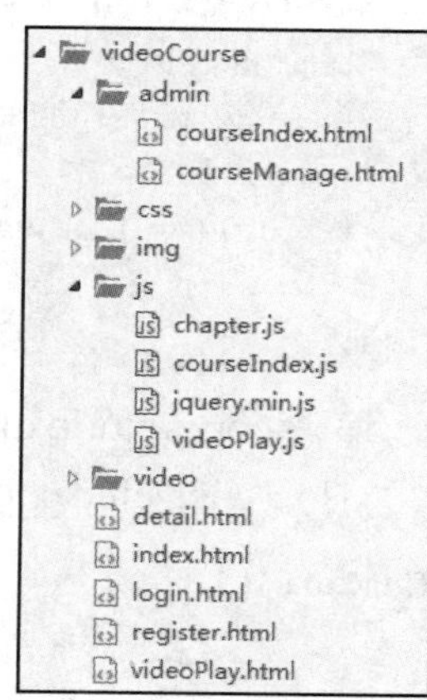

图 17.124　目录结构

2. 引入 jquery.min.js 及 courseIndex.js 文件

打开 admin/courseIndex.html 文件，引入 jquery.min.js 及 courseIndex.js 后台课程管理首页交互 js 文件。

```
<head>
    <meta charset="UTF-8">
    <title>视频播放 - 在线视频课程网</title>
        <!-- 引入公共样式 -->
    <link rel="stylesheet" href="./css/common.css" />
        <!-- 引入课程详情样式 -->
    <link rel="stylesheet" href="./css/video_play.css" />
    <!-- 引入 jquery.min.js 文件 -->
    <script type="text/javascript" src="../js/jquery.min.js"></script>
<!-- 引入后台课程管理首页交互 js 文件 -->
    <script type="text/javascript" src="../js/courseIndex.js"></script>
</head>
```

3. 编辑 courseIndex.html 文件

打开 courseIndex.html，删除或注释 table 表格内容项，保留表头。

```
<!-- 列表 -->
<table>
    <tr>
        <th>序号</th>
        <th>课程名</th>
        <th>封面</th>
        <th>发布者</th>
        <th>发布时间</th>
    </tr>
    <tr>    //删除或注释
        <td>01</td>
        <td>HTML</td>
        <td><img src="../img/logo.png" width="50" height="50"/></td>
            <td>张三</td>
        <td>2020-07-01 10:10</td>
    </tr>
    <tr>
        <td>02</td>
        <td>CSS</td>
        <td><img src="../img/logo.png" width="50" height="50"/></td>
            <td>张三</td>
        <td>2020-07-01 10:10</td>
    </tr>
</table>
```

4. 编辑 courseIndex.js 文件

（1）打开 courseIndex.js，编写 jQuery 代码文档就绪函数。

```
$(function(){
})
```

（2）定义一个二维数组 list，内部以对象的方式放置表格数据。

```
$(function(){
    var list = [
        {id: '01',info: 'HTML',img: '../img/logo.png',name: '张三',time: '2020.07.01 10:10'},
        {id: '02',info: 'css',img: '../img/logo.png',name: '张三',time: '2020.09.01 10:10'}
    ];
})
```

（3）使用 for 循环遍历表格数据。创建表格节点，使用 html()方法插入节点内容，最后使用 append()方法插入 tr 元素末尾。

```
$(function(){
        ...
    for(var i=0;i<list.length;i++){
        //创建 tr
        var tr = $("<tr>");
        //创建序号 td
        var td = $("<td>");
        td.html(list[i].id);
        tr.append(td);
    }
})
```

（4）依次将表格内容遍历插入行末尾。最后将行元素 tr 通过 append()方法插入表格末尾。

```
for(var i=0;i<list.length;i++) {
        //创建 tr
//省略代码
        //创建序号 td
        //省略代码
//创建课程名 td
        var td = $("<td>");
        td.html(list[i].info);
        tr.append(td);
        //创建封面 td
        var td = $("<td>");
        var img = $("<img>");
        img.attr('src',list[i].img);
        td.append(img);
        tr.append(td);
        //创建发布者 td
        var td = $("<td>");
        td.html(list[i].name);
        tr.append(td);
        //创建发布时间 td
        var td = $("<td>");
        td.html(list[i].time);
        tr.append(td);
        //找到 table 节点下的 tbody 节点插入创建的 tr
        $('tbody').append(tr);
}
```

5. 页面效果

页面效果如图 17.125 所示。

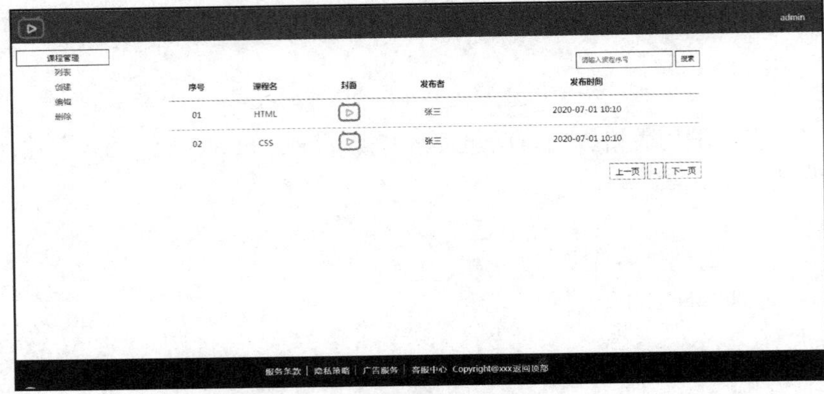

图 17.125　页面效果

17.19　第四阶段移动端：首页

17.19.1　功能简介

（1）完成“在线视频课程网”项目的移动端首页。

（2）首页分为页头、正文、页脚三个部分。

（3）移动端首页页面效果如图 17.126 所示。

图 17.126　移动端首页效果

17.19.2 设计思路

（1）首页原型界面设计如图 17.127 所示。

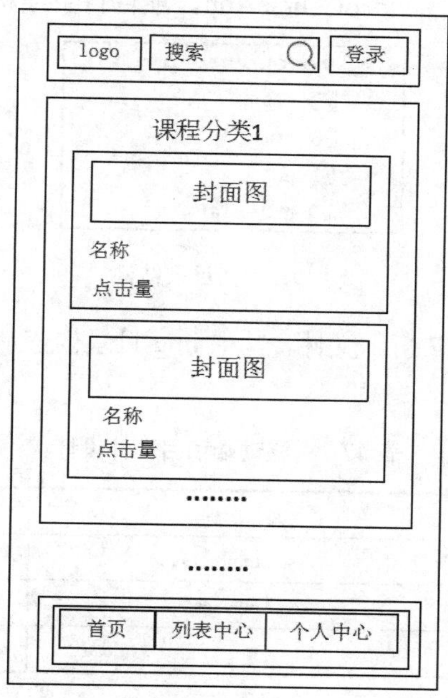

图 17.127 首页原型界面设计

（2）首页结构设计如图 17.128 所示。

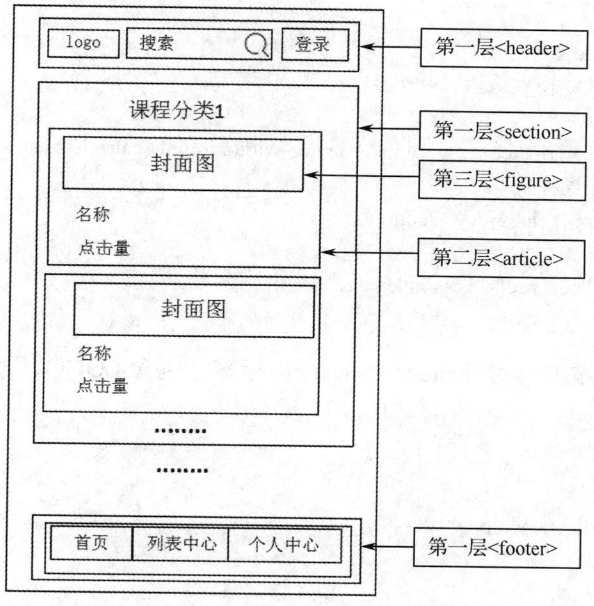

图 17.128 首页结构设计

17.19.3 实现

1. 创建工程文件

（1）创建一个新的 Web 项目 videoCourseApp，项目目录结构如图 17.129 所示。

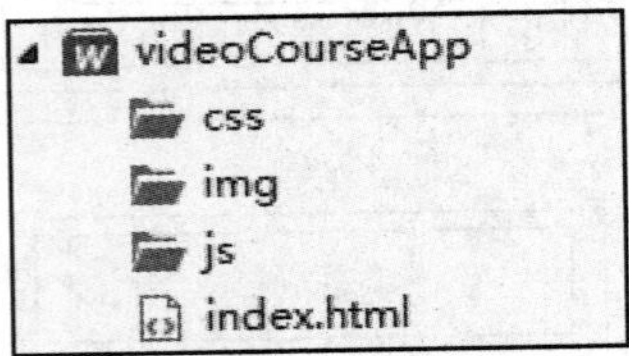

图 17.129 目录结构

（2）在目录下新建如表 17.7 所示文件，其中 img 目录内容从 videoCourse 项目 img 目录下全部复制。

表 17.7 移动端项目文件设计

类　型	文　件	说　明
css 文件	css/common.css	公共样式表
	css/index.css	首页样式表
png 图片	img	网站图片

2. 编写页头

（1）打开 index.html 在<head></head>里面添加理想视口，添加网页标题，引入 common.css.index.css。

```
<head>
	<meta charset="utf-8">
	<title>首页 - 在线视频课程网</title>
<!-- 引入理想视口 -->
	<meta name="viewport" content="width=device-width, initial-scale=1.0, user-scalable=no">
	<!-- 引入公共布局样式 -->
	<link rel="stylesheet" href="./css/common.css" />
	<!-- 引入首页样式 -->
	<link rel="stylesheet" href="./css/index.css" />
</head>
```

（2）在 body 里面添加一对<header></header>标签，包含 LOGO、搜索框、登录按钮。

```
<!-- 页头 -->
<header id="topbar">
	<div class="logo">
		<img src="img/logo.png" alt="" />
	</div>
	<div class="serach">
		<input type="text" name="" id="" value="" />
		<img src="img/Search.png" alt="" />
```

```
        </div>
        <div class="login"><a href="login.html">登录</a></div>
</header>
```

（3）在 common.css 中使用通配符选择器设置全局样式，清除所有元素的外边距和内边距。

```
*{
    margin: 0;
    padding: 0;
}
```

（4）使用 ID 选择器设置头部的大小、背景色、位置、伸缩布局。

```
#topbar{
        width: 100%;
        height: 55px;
        top: 0;
        position: fixed;
        z-index: 999;
        background-color: #000000;
        display: flex;
}
```

（5）页面效果如图 17.130 所示。

图 17.130　页面效果

（6）设置页头 a 标签样式：文字颜色为白色，去除默认的下划线。

```
#topbar a{
        color: #fff;
text-decoration: none;
}
```

（7）根据类选择器设置 LOGO 样式。

```
.logo{
        flex: 1;
}
```

（8）页面效果如图 17.131 所示。

图 17.131　页面效果

（9）根据类选择器设置搜索框样式。

```
.serach {
    flex: 3;
```

```
        margin-top: 10px;
        position: relative;
}
.serach img{
        position: absolute;
        top:0;
}
.serach input {
        width: 80%;
        height: 30px;
        border: 1px solid grey;
        background: rgba(255, 255, 255, 0);
        color: #FFFFFF;
        outline: none;
}
```

（10）设置“登录”按钮样式。

```
.login {
        flex: 1;
        margin-top: 10px;
}
.login a{
        border: 1px solid white;
        border-radius: 5px;
        display: block;
        width: 70%;
        text-align: center;
        margin-left: 10%;
        padding: 7px 0px;
}
```

（11）页头效果如图 17.132 所示。

图 17.132　页头效果图

3. 编写正文

（1）在<body></body>里面添加三个<section></section>标签，存放前端、后端、大数据课程列表。

```
<body>
<!-- 页头 -->
<header id="topbar">
        <div class="logo">
                <img src="img/logo.png" alt="" />
        </div>
        <div class="serach">
```

```
            <input type="text" name="" id="" value="" />
            <img src="img/Search.png" alt="" />
        </div>
        <div class="login"><a href="login.html">登录</a></div>
</header>
<section>
<!--前端课程列表-->
</section>
<section>
<!--后端课程列表-->
</section>
<section>
<!--大数据课程列表-->
</section>
</body>
```

（2）在前端课程列表里添加课程类名<h3></h3>，添加第一个课程 <article></article>。

```
<section class="fictionBox">
        <!--前端课程列表-->
        <h3 class="Tit">前端</h3>
    <!--前端第一个课程-->
        <article>
                <figure class="fictionImg">
                        <a href="#"><img src="./img/1.png" alt="网页设计与制作实践"/></a>
                </figure>
                <div class="fictionInfo">
                    <!-- 课程名字 -->
                    <a href="#"><h3>网页设计与制作实践</h3></a>
                    <!-- 课程点击量 -->
                    <a href="#"><small class="fictionTip">1123</small></a>
                </div>
        </article>
</section>
```

（3）页面效果如图 17.133 所示。

图 17.133　页面效果

（4）在 index.css 中设置课程最外层盒子样式。设置 display 属性为“flex”，更改布局为弹性布局。flex-wrap 属性设置为“wrap”，让弹性元素可以换行显示。

```
.fictionBox{
    border: 1px solid #CCCCCC;
    display: flex;
    flex-wrap: wrap;
    margin: 10px auto;
    width: 90%;
    margin-bottom: 70px;
    margin-top: 60px;
}
```

（5）设置课程外边距，上下外边距为 0，左右外边距为 auto，使元素居中。

```
.fictionBox article{
    margin: 0 auto;
}
```

（6）设置课程分类标题 text-align 属性为“center”，文字对齐方式为居中。

```
.Tit {
    width: 100%;
    text-align: center;
}
```

（7）课程封面区域样式，设置其盒阴影样式。

```
.fictionImg{
    height: 147px;
    box-shadow: 0 3px 4px rgba(0,0,0,.5);
    margin-bottom: 30px;
}
```

（8）设置课程封面图片大小，高度为 auto。

```
.fictionImg img{
    width: 270px;
    height: auto;
}
```

（9）设置课程名称及点击量样式。

```
/* 课程名称 */
.fictionInfo h3{
    margin-top: 5px;
    font-size: 15px;
    color: #000;
}
/* 课程点击量 */
.fictionTip{
    font-size: 14px;
```

```
        color:#555555;
}
```

（10）设置页面文字信息，设置 overflow 属性为 hidden，当内容溢出时隐藏。

```
/* 全部文字信息 */
.fictionInfo{
        overflow: hidden;
        margin: 10px 10px 15px 20px;
}
```

（11）页面效果如图 17.134 所示。

图 17.134　页面效果

（12）在前端课程列表里添加第二个课程 <article></article>。

```
<section class="fictionBox">
        <!--前端课程列表-->
        <h3 class="Tit">前端</h3>
        <!--前端第一个课程省略-->
        <!--前端第二个课程-->
        <article>
                <figure class="fictionImg">
                        <a href="#"><img src="./img/3.png" alt="HTML5 设计实"/></a>
                </figure>
                <div class="fictionInfo">
                        <!-- 课程名字 -->
                        <a href="#"><h3>HTML5 设计实践</h3></a>
                        <!-- 课程点击量 -->
                        <a href="#"><small class="fictionTip">2324</small></a>
                </div>
        </article>
</section>
```

（13）在前端课程列表里添加第三个课程 <article></article>。

```
<section class="fictionBox">
        <h3 class="Tit">前端</h3>
        <!--第一个前端课程省略-->
```

```
        <!--第二个前端课程省略-->
        <!--第三个前端课程-->
        <article>
            <figure class="fictionImg">
                <a href="#"><img src="./img/3.png" alt="HTML5 设计实践"/></a>
            </figure>
            <div class="fictionInfo">
            <!-- 课程名字 -->
                <a href="#"><h3>HTML5 设计实践</h3></a>
            <!-- 课程点击量 -->
                <a href="#"><small class="fictionTip">2324</small></a>
            </div>
        </article>
    </section>
```

（14）页面效果如图 17.135 所示。

图 17.135　页面效果

（15）在后端课程列表里添加后端课程 <article></article>，后端课程列表可复制前端课程列表，需更改课程名称、课程封面图、课程点击量。

```
    <!--前端课程列表-->
    <section class="fictionBox">
    <!--省略-->
    </section>
    <!--后端课程列表-->
    <section class="fictionBox">
        <h3>后端</h3>
        <article>
            <!--后端课程 1-->
        </article>
        <article>
```

```
            <!--后端课程 2-->
        </article>
        <article>
            <!--后端课程 3-->
        </article>
    </section>
```

（16）在大数据课程列表里添加大数据课程 <article></article>，大数据课程可复制后端课程列表，需更改课程名称、课程封面图、课程点击量。

```
<!--前端课程列表-->
<section class="fictionBox">
<!--省略-->
</section>
<!--后端课程列表-->
<section class="fictionBox">
<!--省略-->
</section>
<!--大数据课程列表-->
<section class="fictionBox">
    <h3>大数据</h3>
    <article>
        <!--大数据课程 1-->
    </article>
    <article>
        <!--大数据课程 2-->
    </article>
    <article>
        <!--大数据课程 3-->
    </article>
</section>
```

4. 编写页脚

（1）在<body></body>里面添加一对<footer></footer>标签，包含一个无序列表。

```
<footer id="bottom">
    <ul>
        <li>
<a href="index.html">首页</a>
</li>
        <li>
<a href="detail.html">课程列表</a>
</li>
        <li>
<a href="#">个人中心</a>
</li>
    </ul>
</footer>
```

（2）在 commom.css 里设置页脚样式。设置 position 属性为固定布局，bottom 属性设置 0，将页脚固定在页面底部。

```
#bottom {
    height: 60px;
    background-color: black;
    text-align: center;
    line-height: 60px;
    width: 100%;
    bottom: 0;
    position: fixed;
    z-index: 999;
}
```

（3）设置页脚 a 标签样式：文字颜色为白色，去除下划线样式。

```
#bottom a{
    color: #fff;
text-decoration: none;
}
```

（4）设置页脚 ul 无序列表为弹性布局 flex，且列表项 li 的 flex 属性为 1。

```
#bottom ul{
    display: flex;
    width: 100%;
}
 #bottom li{
    flex: 1;
}
```

（5）页脚效果如下图 17.136 所示。

图 17.136　页脚效果

5. 页面效果

页面效果如图 17.137 所示。

图 17.137　页面效果

17.20 第四阶段移动端：用户登录

17.20.1 功能简介

（1）完成“在线视频课程网”项目的移动端用户登录。

（2）移动端用户登录页面分为页头、正文、页脚三个部分。

（3）页面效果如图 17.138 所示。

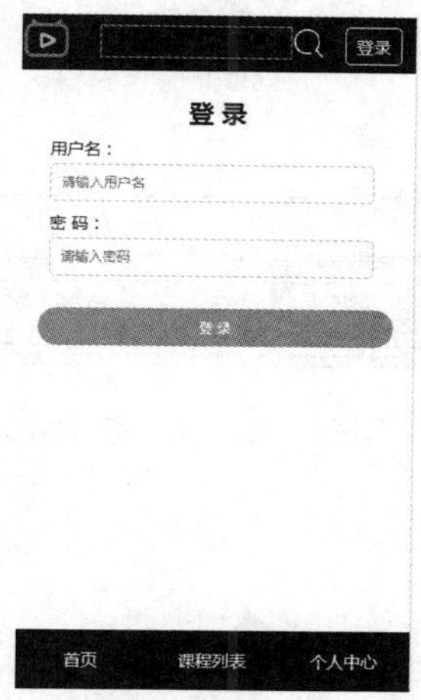

图 17.138 移动端用户登录页面效果

17.20.2 设计思路

（1）登录页原型界面设计如图 17.139 所示。

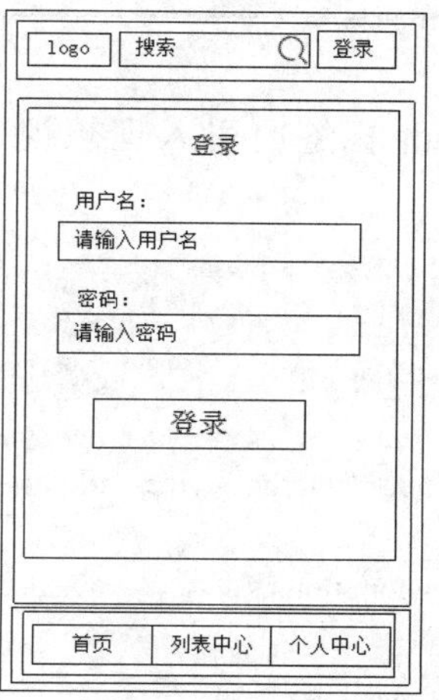

图 17.139 登录页原型界面设计

（2）登录页面结构设计如图 17.140 所示。

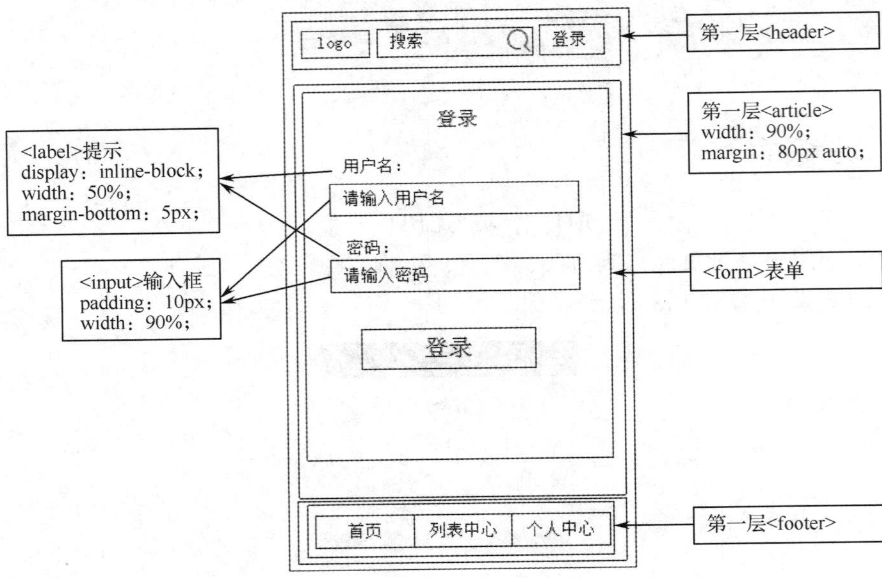

图 17.140　登录页面结构设计

17.20.3　实现

1. 新建文件

在工程文件下新建如表 17.8 所示文件，登录页面 login.html，表单样式文件 form.css。

表 17.8　移动端项目文件设计

类　型	文　件	说　明
html 文件	login.html	登录页面
css 文件	css/form.css	表单样式

2. 编写页头

（1）打开 login.html，在<head>标签内引入理想视口，添加<title></title>标题，引入 common.css，form.css。

```
<head>
    <meta charset="utf-8">
    <title>用户注册 - 在线视频课程网</title>
    <!-- 引入响应式视口 -->
    <meta name="viewport" content="width=device-width,initial-scale=1.0,  user-scalable=no">
    <!-- 引入公共布局样式 -->
    <link rel="stylesheet" href="./css/common.css" />
    <!-- 引入表单样式 -->
    <link rel="stylesheet" href="./css/form.css" />
</head>
```

（2）在<body></body>里添加页头，可从 index.html 复制。

```
<!-- 页头 -->
<header id="topbar">
        <div class="logo">
                <img src="img/logo.png" alt="" />
        </div>
        <div class="serach">
                <input type="text" name="" id="" value="" />
                <img src="img/Search.png" alt="" />
        </div>
        <div class="login"><a href="login.html">登录</a></div>
</header>
```

（3）页面效果如图 17.141 所示。

图 17.141　页面效果

3. 编写正文

（1）在<body>中添加<article>标签并在<arcticle>标签中添加 form 表单元素，表单内容为用户名、密码输入框及“登录”按钮。

```
<article class="container">
        <form action="" method="post">
                <div class="title-form">
                        <h2>登 录</h2>
                </div>
                <div>
                        <label>用户名：</label>
                       <input type="text" name="account" placeholder="请输入用户名" required="required"/>
              </div>
              <div>
                      <label>密 码：</label>
              <input type="password" name="password" placeholder="请输入密码" required="required"/>
              </div>
              <input type="submit" value="登 录"/>
        </form>
          <a href="register.html" class="register">没有账号前往注册</a>
</article>
```

（2）页面效果图如图 17.142 所示。

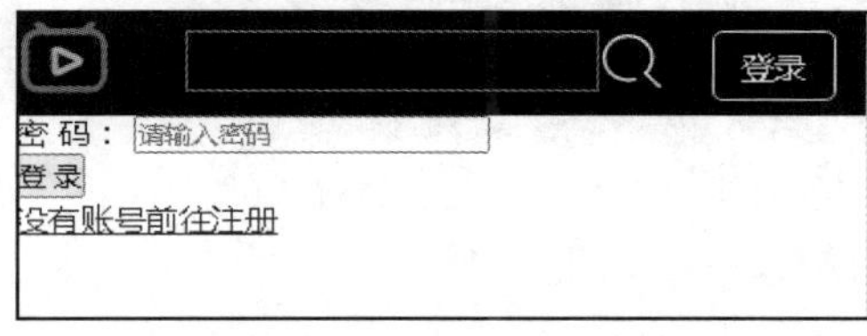

图 17.142　页面效果

（3）在 form.css 中，根据类选择器设置最外层盒子的样式。

```
/* 固定宽度居中 */
.container{
    width: 90%;
    margin: 80px auto;
}
```

（4）使用后代选择器设置 form 表单元素的样式，其中 label 标签设置 display 属性为“inline.block”。

```
/* form 表单 h1 标题*/
.title-form{
    text-align: center;
}
/* form 表单 div 标签 */
form div{
    margin:10px;
}
/* form 表单 label 标签 */
label{
    display:inline-block;
    width: 50%;
    margin-bottom: 5px;
}
```

（5）设置表单输入框的样式，通过设置 border.radius 属性来使边框变为圆角。

```
.container input {
    padding: 10px;
    border-radius: 5px;
    border: 1px solid #D6D8DB;
    width: 90%;
}
```

（6）通过属性选择器设置“登录”按钮的样式，设置 border-radius 属性来使边框变为圆角。

```
input[type="submit"] {
    padding: 10px;
    border: none;
    border-radius: 25px;
    margin-top: 20px;
    color: white;
    width: 100%;
    background-color: #d49617;
}
```

（7）页面效果如图 17.143 所示。

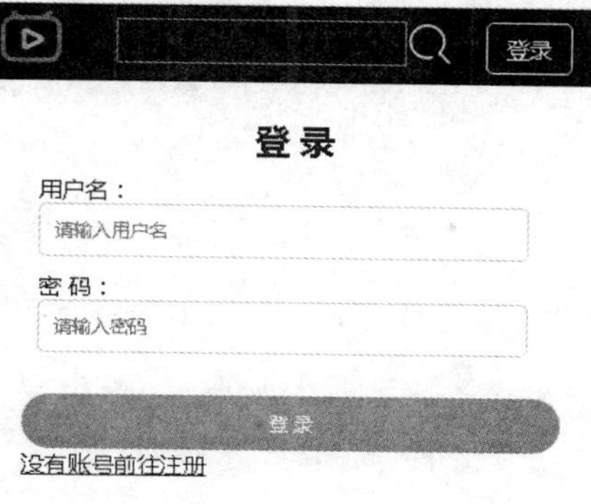

图 17.143 页面效果

4. 编写页脚

在<body></body>里添加页脚（可从 index.html 复制）。

```
<footer id="bottom">
    <ul>
        <li><a href="index.html">首页</a></li>
        <li><a href="detail.html">课程列表</a></li>
        <li><a href="#">个人中心</a></li>
    </ul>
</footer>
```

5. 页面效果

页面效果如图 17.144 所示。

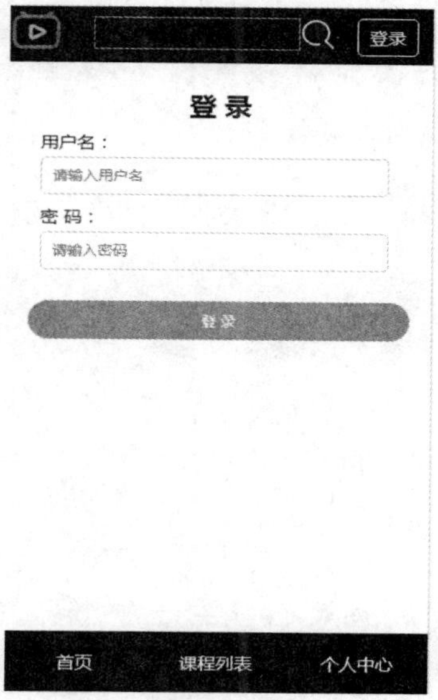

图 17.144 页面效果